燕园科技学术文库

U0030903

同步变压位机械通气系统研究

许继平　刘载文　著

北京大学出版社
PEKING UNIVERSITY PRESS

内容简介

本书针对正压通气存在诸如气管切开、呼吸机肺炎和撤机难等缺陷，结合横膈膜在呼吸过程中的独特作用，提出同步变压位新型机械通气方法。本书在研究腹部托压机械通气医学生理模型的基础上，研究了基于司法过程的呼吸周期信号司法消噪算法(JDA)，基于多算法(司法消噪算法、经验模式分解、BP 神经网络和最小二乘支持向量机)混合的呼吸周期时间序列在线预测算法，基于自抗扰控制与专家知识 PID 控制的体位变换实验用椅智能控制算法。同时，本书结合实验所用设备的机械结构设计和加工仿真，系统地提出了一套基于同步变压位新型机械通气方法进行产品开发转化过程的前期研究方案。

本书共分 9 章，主要内容包括：绪论，肺通气原理及同步变压位通气方法，医学数学模型研究方法，腹部托压机械通气数学模型及仿真研究，系统预测模型，基于多算法混合的呼吸周期在线预测实现，腹部托压实验用床设计开发，体位变换实验用椅的设计与仿真研究，总结与展望。

本书适合从事生物医学工程专业的研究人员阅读，特别适合机械通气和呼吸系统动力学建模仿真、医疗器械设计开发研究人员阅读参考，其他医学生理模型相关研究者也可以参考使用。另外，本书也可作为同步变压位机械通气知识入门读物，供在机械通气领域研究的研究生参考。

图书在版编目(CIP)数据

同步变压位机械通气系统研究/许继平，刘载文著. —北京：北京大学出版社，2012.2
(燕园科技学术文库)
ISBN 978-7-301-19344-0

Ⅰ. ①同… Ⅱ. ①许…②刘… Ⅲ. ①人工呼吸—呼吸器—研究 Ⅳ. ①TH789

中国版本图书馆 CIP 数据核字(2011)第 157906 号

书　　名：同步变压位机械通气系统研究
著作责任者：许继平　刘载文　著
责 任 编 辑：程志强
标 准 书 号：ISBN 978-7-301-19344-0/TH・0253
出　版　者：北京大学出版社
地　　址：北京市海淀区成府路 205 号　100871
网　　址：http://www.pup.cn　http://www.pup6.cn
电　　话：邮购部 62752015　发行部 62750672　编辑部 62750667　出版部 62754962
电 子 邮 箱：pup_6@163.com
印　刷　者：三河市北燕印装有限公司
发　行　者：北京大学出版社
经　销　者：新华书店
650mm×980mm　16 开本　12.75 印张　291 千字
2012 年 2 月第 1 版　2012 年 2 月第 1 次印刷
定　　价：32.00 元

前　言

本书首先分析正压通气存在的问题，结合呼吸过程中横膈膜的独特作用，提出解决该问题的方法；通过分析同步变压机械通气方法和原理，分别论述该方法的两个重要分支：腹部托压机械通气和体位变换机械通气的方法和原理，给出前期临床实验结果，并对结果进行了分析和讨论。

在此基础上，本书重点研究了腹部托压机械通气方法的医学生理模型建立方法。腹部托压辅助通气的相关研究在国内外至今还是一个空白，因此本书相关的所有的研究工作都是从零开始的。本书利用最小二乘线性回归方法建立了腹压、胸内压和相对肺容量的关系子模型，建立了横膈膜与呼吸之间的关系；通过分析肺的黏弹性特性和气道阻力特点分别建立了二阶线性肺动态顺应性子模型和非线性气道阻力子模型，综合 3 个子模型构建腹部托压通气方法完整数学模型。在该数学模型的基础上，结合 MATLAB 仿真工具，本书进行了一系列的腹压形式和通气效果仿真研究，得到了腹压因素与通气效果之间的规律，并提出了初步的优化控制方案。

为了实现与呼吸同步控制功能，本书研究了呼吸周期信号时间序列预测算法。本书针对信号处理消噪方法的不足，将司法处理过程引入时间序列的消噪处理中，提出了一种包含新到数据初判、可疑噪声审查、噪声确定处理、法规修订完善等消噪机制的司法消噪算法。仿真结果表明，该算法实现了对时间序列的噪声和新稳态的处理，且充分保留数据的原始信息。以此为基础，本书提出了多算法混合时间序列预测算法，采用以经验模型分解为纽带，将分解后的高、低频项分别用最小二乘支持向量机、BP 人工神经网络进行预测，既提高运算速度又能获得较好的预测精度，同时在分解之前利用司法消噪算法进行降噪处理，有利于剔除高频分量，减小分量总数，加快预测速度且提高预测精度。

在上述研究的基础上，本书提出了腹部托压机械通气实验用设备机械设计方案，建立了相关智能控制系统。制定腹压机械通气实验用床详细功能要求，提出包含头胸段、腹腿段、小腿段和托压板的分段结构机械设计方案，满足了不同参数条件下的实验要求，且利于随时加工和更改机械结构；制定了实验用床智能控制软件基本要求，提出了基于模块化架构的软件总体设计方案，使得代码管理、功能升级和工作转接易于实现。该实验用床系统已应用于广州呼吸疾病研究所，至今运行稳定可靠，效果良好。

最后，本书研究了体位变换机械通气实验用设备机械设计方案和智能控制算法，并借助 ADAMS 和 MATLAB 进行仿真实验。利用 ADAMS 机械仿真软件对体位变换机械通气实验用椅机械设计方案进行仿真研究；提出针对速度伺服的基于自抗扰控制理论的控制器，其具有控制精度高、抗干扰能力强、输出稳定的优点，使得摇椅的稳定控制得以实现；提出针对力矩伺服的专家知识 PID 控制器，通过对摇椅系统的受力分析，建立能快速反应并跟随目标变化趋势的专家知识，结合 PID 控制理论实时确立包含干扰抑制的力矩补偿，综合形成稳定控制力矩，实现力矩驱动方式智能控制功能；利用 ADAMS 和 MATLAB 联合仿真功能，解决了机械结构模型建立难、实验设备成本高带来的研究困难。利用其对本书所提出的控制算法进行仿真研究的结果来看，达到了预期目标。

特别感谢中国工程院院士钟南山给予此书研究工作的大力支持和亲切关怀。

感谢中国人民解放军空军航空医学研究所李宪玉研究员，是他创新地提出了同步变压位机械通气新方法，才使得该项目得以建立和开展。李老师今年已经七十岁高龄，但为了解决项目研究中遇到的难题，经常伏案工作到深夜。李老师不厌其烦的讲解，使我逐渐熟悉和掌握了同步变压位机械通气新方法原理和医学相关知识，并且对同步变压位机械通气方法的研究产生了浓厚的兴趣，在这里向李老师表示最诚挚的谢意！

感谢广州医学院第一附属医院徐远达副主任医师、罗远明教授，在他们的辛勤工作下临床医学实验得以顺利开展，并取得了满意的前期实验成果。特别感谢广州医学院第一附属医院岑燕遗博士，他渊博的医学理论和临床知识，让我快速地熟悉和掌握了机械通气相关医学知识，使得医学生理建模、实验用设备的开发得以成功完成。

感谢河北普康医疗设备有限公司柏树勋董事长、柏贺总经理、贾宝军经理，感谢他们在实验用设备设计加工方面给予的无偿、热情的帮助。对参加前期实验的志愿者，在仪器和物质上曾给予支持的空军航空医学工程实验中心、空军航空医学研究所第三和第四研究室及管理处的同志表示衷心的感谢！

衷心感谢我的女朋友王敏女士和她的父母，没有他们的理解与支持，我的学业不可能顺利完成。感谢我的父母、哥哥、姐姐，特别感谢姑姑许东湘和姑父左新明对我在经济上的资助，使我有更多的时间投入到研究工作中，并取得一定的成果。

由于编者水平有限，时间仓促，书中难免有疏漏之处，请各位专家和读者不吝赐教。

编　者

2011 年 11 月

目　　录

第 1 章　绪　　论

机械通气技术起源于20世纪20年代，60－70年代该技术得到了较快的发展。长期以来，正压通气一直主导着机械通气领域的发展方向，但正压通气在救治病人的同时存在着诸如气管切开、呼吸机肺炎和撤机困难等缺陷，因此人们开始探求新的机械通气方法。本章首先介绍机械通气的发展历史和正压通气模式所存在的问题，提出同步变压位新型机械通气方法，并对方法原理、意义和应用前景进行简单介绍，详细分析机械通气中智能控制技术和数学建模仿真技术应用研究现状，最后介绍本书研究的内容、成果和论文结构。

1.1　背景和依据

1.1.1　机械通气发展历史

公元15世纪，随着欧洲文艺复兴时代到来，科学得以迅速发展，作为文艺复兴时代代表人物的 Leonardo da Vinci 认为：空气通过胸廓风箱式的作用而进入肺内，这对于以后的呼吸生理学及机械通气理论的发展具有重要的启蒙作用。1543年，人体解剖学创始人 Vesalius 首次对猪进行气管切开手术，置入气管内插管成功，开创了人工气道建立之先河，同时证实通过气管内插管施以正压能够使动物的肺膨胀[1~3]。

1979年，Curry 首次在人体进行了气管内插管，用于人类疾病的抢救。人工气道技术由动物过渡到人类经过了200余年的时间。

19世纪初，在英国皇家慈善学会(Royal Humanne Society)的赞助下，风箱技术在欧洲被急救人员用于溺水患者的复苏。但这一技术过于粗糙且经验不足，致使许多并发症发生，甚至死亡。因此，1827年，Leroy 就此问题向法国科学院提出报告，使经气管切开气管内插管进行简单手动人工通气用于复苏的势头得以限制。面对这种局面，关于机械通气的研究很自然沿着两个方向继续展开：

（1）改进原来的原始而粗糙的人工气道技术，使之能适用于人工正压通气的广泛应用；

（2）寻找其他的人工通气方法，从根本上避免建立有创的人工气道。

前者的探索与19世纪中叶麻醉学的发展密不可分，而后者则促进了体外负压通气技术的出现。

1909年，Janeway发明了一个小型金属装置，可将患者的头部置于该装置内，颈周封以颈圈，通过对该装置内间歇施以正压而提供间歇正压通气。同时亦可用此装置吸入麻醉。也正是Janeway于1913年首次提出的呼吸机可由病人自主呼吸触发吸气的假设，以后成为正压呼吸机辅助通气模式的必备条件。同一时期，曾于1869年首次实行气管内麻醉的Trendelenburg在施行开胸手术时，意识到病人常因通气不足而死亡。因此在他的指导下，他的助手Lawen和Sievers设计了一个非线性活塞驱动通气机，此设计成为40年后Engstrom呼吸机的最初形式。

自19世纪中、下叶至20世纪初关于体外负压通气的研究也逐渐成为机械通气研究所关注的热点之一。20世纪初，电力的广泛应用为进一步加快体外负压通气的研究提供了条件。

1926年，Drinker受其作为生理学家的弟弟Cecil和同事Shaw进行动物实验时所用的体积描记仪的启发，将一只注射箭毒的猫放于体描箱内，发现呼吸肌麻痹的猫可通过体描仪内压力的变化而通气。于是Drinker与Shaw决定制造一个人体大小的箱式通气机。该通气机由金属制成，直径0.56m，长1.68m。患者卧于其内，头位于箱外，颈部以橡胶颈圈密封，箱底板由电动泵驱动，随箱内压力变化而产生呼吸。同时Drinker和Shaw也成为接受这一通气机治疗的首批实验者。1928年10月13日下午4时，一个因脊髓灰质炎呼吸衰竭而昏迷的8岁女孩，首次接受箱式通气机的治疗，数分钟后患儿神志恢复，这使当时在场亲眼目睹这一奇迹的人激动得热泪盈眶。1929年5月18日，美国医学会杂志(JAMA)报道了这一成果。一位不知名的记者将这一装置形象地称为“铁肺”。很快，箱式体外负压通气机便以“铁肺”的名字传遍了全世界。

由于正在接受外科手术的患者无法接受铁肺的机械通气治疗，且因其气道管理困难而无法保证麻醉的安全性，在20世纪20－40年代，基本上形成了麻醉学与外科学领域研究和应用正压通气，内科学与流行病学领域研究和应用负压通气技术的格局。30年代以后，在麻醉期间通过手动间歇挤压麻醉气囊给手术病人施以正压间歇通气的方法渐渐得以推广。1940年，Crafoord设计了一台气动、压力限制型吸入麻醉机(Spiropulsator)，并首先用于胸外科手术病人。

第二次世界大战中，Brewer等人首次应用便携式麻醉机对现代被称为急性呼吸窘迫综合征(ARDS)的“湿肺”患者成功地进行了机械通气治疗。1946年Bennett研制成功了最早的Bennett型间歇正压呼吸机。该呼吸机已初步具备了现代呼吸机的基本结构。

1948年，美国发生脊髓灰质炎大流行，铁肺被大量用于并发呼吸肌麻痹患者的抢救，这使体外负压通气的缺点得以充分暴露。1949年，Bennett给铁肺增添了一个由马达驱动的风箱，这样铁肺与间歇正压通气同步，不仅可以使箱内产生负压，而且也可同时通过气管切开施以正压通气，从而大大提高了机械通气的疗效，使死亡率降至12%。这一事实表明正压通气的疗效优于体外负压通气。

1952年，斯堪的那维亚半岛也爆发了脊髓灰质炎流行，该地区不像美国那样有大量铁肺以供抢救之用。如丹麦哥本哈根的Blegdam医院当时仅有一个铁肺和6个胸甲式通气机，且所接受其治疗的31例病人竟有27人死亡。这种极为严峻的局面使人们认识到必须寻找负压通气以外的高效机械通气方法。哥本哈根大学流行病学教授Lassen和Blegdam医院的医生们急请麻醉师Ibsen会诊。双方一致认为将麻醉中所应用的压缩气囊间歇正压通气的方法用于脊髓灰质炎呼吸衰竭患者的抢救是可行的。这种以手动加压麻醉气囊进行机械通气的方法需要大量人力，以至当地的医学院校不得不暂时停课，医学生们被动员到医院为病人施行机械通气。由于采取了气管切开术及间歇正压通气，使脊髓灰质炎呼吸衰竭的死亡率由87%降至25%。

20世纪40年代末和50年代初，脊髓灰质炎大流行实际上促进了机械通气完全向正压通气方式的过渡。此后，原本属于“手术室技术”的人工气道和正压通气方法，终于走出手术室成为临床医学中重要的治疗手段。继1946年Bennett生产出第一台初具近代呼吸机功能的定压型呼吸机后，压力切换型呼吸机一度成为正压通气的主流形式。然而，在临床实践中发现，定压呼吸机常不能保证有效的通气量。1950年，在总结脊髓灰质炎流行期间机械通气治疗经验的基础上，Engstrom 提出了预设容量进行机械通气的新的设计思想，并研制出世界上第一台容量转换型呼吸机，使正压通气达到一个新的高度。

20 世纪 60 – 70 年代为机械通气研究发展较快的时期。Gilston 于 1961 年将 T 形管用于呼吸机撤离过程，并于 1962 年首次将"Weaning"一词用于描述呼吸机的撤离。同一时期，电子技术被引进机械通气设备的设计。以 Servo 900 型呼吸机、Bennett 型呼吸机及 Engstrom 型呼吸机等系列产品为代表的机型，技术性能十分全面。1967 年，瑞典的 Sjostrand 首先提出低潮气量和高频率通气的高频通气(High Frequency Ventilation，HFV)模式，其目的在于减少正压通气对血流动力学的影响。尽管低于解剖死腔量的潮气量与高呼吸频率相结合可进行有效通气的确切机理至今未明，但 HFV 作为一种新的通气模式却很快被广泛用于临床。1972 年，Lunkenleimer 首次应用高频振荡通气(High Frequency Oscillatory Ventilation，HFOV)成功。1977 年，Klain 和 Smith 提出高频喷射通气(High Frequency Jet Ventilation，HFJV)，此后 HFJV 成为临床最常用的一种 HFV 形式。Ashbaugh 于 1967 年试以 Barach 在 1938 年描述的呼气末正压(Positive End Expiratory Pressure，PEEP)技术用于 ARDS 患者，获得满意疗效。1971 年，Gregory 应用持续正压通气(Continuous Positive-Pressure Ventilation，CPAP)治疗新生儿呼吸窘迫综合症取得成功。此后，PEEP 与 CPAP 成为一种临床常用的通气模式。1973 年 Bowns 首次采用间歇指令通气(Intermitternt Mondatory Ventilation，IMV)模式使患者顺利脱机，目前 IMV 的改进模式同步间歇指令通气(Synchronized Intermitternt Mandatory Ventilation，SIMV)已成为辅助通气和撤机的常用模式。1972 年，机械通气的一种特殊类型——体外膜肺(Ertro Corporeal Membrane Oxygenation，ECMO)由 Hill 首次用于救治创伤后急性呼吸衰竭患者，表明其可能取代肺的气体交换功能，但因其耗费较多人力和财力，故未能推广于临床。人工气道技术在 20 世纪 70 年代也取得显著进展。低压高容气管导管的问世极大地促进了医患双方对机械通气治疗的接受。

自 20 世纪 80 年代以来，机械通气技术迅速发展。1981 年，Servo 900c 和 Engstrom 呼吸机开发出压力支持通气(Pressure Support Ventilation，PSV)模式，PSV 与 SIMV 很快成为部分通气支持的常用模式。1980 年，Gattinoni 采用体外 CO_2 去除(ECco2R)技术与低频正压通气相结合治疗急性呼吸衰竭，可降低急性呼衰的死亡率。Ravizza 于 1983 年发现延长吸气时间可改善氧合，从而提出反比通气模式。美国伟康公司于 1989 年研制出双水平气道正压通气(BiPAP)模式，尤适宜于睡眠呼吸暂停患者。

Zapol 于 1992 年首次提出“容积损伤”(Volutrauma)的概念，认为适当限制通气容量可避免肺的损伤。但容量限制则可能导致高碳酸血症，因此“允许性高碳酸血症通气”(Permissive Hypercarpnic Ventilation，PHV)策略被提出。在 90 年代，机械通气领域最重要的进展当属液体通气和智能化通气的出现。前者以一种称为全氟化碳(Perfluorocarbon)的液体与常规机械通气结合，可明显降低通气压力，改善气体交换。后者则以压力调节容积控制(Pressure Regulated Volume Control，PRVC)和容积支持(Volume Support，VS)通气为代表，在机械通气过程中呼吸机的电脑可测定每一次呼吸的肺顺应性，然后自行调整下一次通气所需要的压力，从而使机械通气更接近生理状态。

机械通气在现代医学中具有重要地位。回顾历史在于着眼未来，机械通气技术的研究与应用的历史必然对其今后的发展有所启迪。

1.1.2 机械通气中存在的问题

机械通气技术在挽救生命的同时也存在一些弊端，如呼吸机相关肺炎、肺损伤、动态性过度充盈、低血压、撤机困难等。

1. 呼吸机相关肺炎

随着呼吸机被广泛地应用到各医院的 ICU 和 CCU 后，也由此产生了呼吸机相关肺炎(Ventilator Associated Pneumonia，VAP)这一常见并发症。呼吸机相关肺炎是指原无肺部感染的呼吸衰竭患者，在气管插管或气管切开行机械通气治疗 48h 或拔管 48h 以内发生的肺部感染。

呼吸机相关肺炎的原因包括多方面因素，如机械通气、开放性气道、重复插管、营养状况不良、胃内容物吸入、全身抵抗力下降、老年体弱等。应用甲氰咪呱等药物者以及秋冬季节也是 VAP 发病的危险因素[4]。总结起来有以下几点。

1）医源性因素

医源性因素包括以下几个方面。

（1）医疗器具的污染。呼吸机管路中积聚的冷凝水是重要污染源。在接近插管处的冷凝水中平均细菌浓度可高达 2×10^{5} CFU/ml，当转动患者体位时就会使含菌冷凝水直接流入下呼吸道内。供氧湿化瓶中 24h 铜绿假单胞菌浓度可达 2×10^{5} CFU/ml，雾化器、复苏囊、吸痰器等都可能成为感染源。

（2）气管切开的诱发因素。气管切开后，未经湿化的气体直接进入气道，使气道内分泌物浓缩、干燥、不易排出，导致细菌的入侵。实验证明，肺部感染率随着气管湿化程度的降低而升高。此外，气管切口感染也是诱发下呼吸道感染的重要因素之一，而切口周围皮肤细菌污染又是切口感染不容忽视的一个原因。

（3）某些药物的影响。长时间地使用类固醇激素和广谱抗生素，会引起患者粒细胞减少，抵抗力下降，导致机体防御屏障人为地破坏而引起感染，尤其是对大多数抗生素耐药的菌株，如铜绿假单胞菌可大量繁殖，从而引起二重感染[5]。此外冬眠镇静剂以及组胺阻断剂/抗酸剂的应用也会使 VAP 的发生增加。

另外，有些医务人员无菌操作观念不强，在操作护理时将病原菌直接带到病人气道内，引起 VAP。

2）患者因素

患者大多伴有神志不清，病人的吞咽反射、咳嗽反射等减弱或者消失，容易造成误吸，况且排痰能力下降，不能及时有效地清除呼吸道内异物、分泌物，容易造成下呼吸道阻塞。患者往往两个脏器同时受损，体质虚弱，抵抗力下降，对侵入到肺内的细菌不能抵制。机械通气病人病程一般较长，使肺内感染的机会增加。由于长期卧床，呼吸道内的分泌物沉积于细小支气管内，不容易排出[6,7]。患者大多存在中至重度营养不良和严重低蛋白血症，并发不同程度的胃肠功能受损，难以建立有效的吸收功能，并处于高分解代谢和代谢紊乱状态，使外源性营养物质难以改善病人的营养状态。

3）环境因素

住入 ICU 病房的患者，病情严重，病种复杂并伴有不同脏器感染，病室空气污染相对严重，细菌数目相对增多，感染机会增加。

2. 其他问题

1）肺损伤[8~11]

机械通气时由于气道压过高导致张力性气胸、纵隔气肿等严重并发症（统称肺泡外气体）已早为人们熟知，并习惯称之为气压伤（Barotrauma）。实验和临床研究发现，吸气峰压（PIP）>3.92kPa 或平均气道压（P_{aw}）>1.6kPa 时肺泡外气体的发生率增高。但大量的动物实验证明，机械通气所致肺损伤时，气压伤尚属少见，绝大部分是由高容量通气所致的容量伤（Volu-trauma），而且这种由肺容量过大、肺组织过度扩张导致的损伤类似于急性肺损伤（ALI）和急性呼吸窘迫综合征（ARDS）的病理改变，即肺泡上皮和血管内皮细胞的广泛性破坏，致肺间质和肺泡水肿及肺不张。这种改变主要由肺过度膨胀使肺泡上皮和血管内皮过度牵拉，使两者连接处的距离拉大，导致肺泡和毛细血管湿透性增加。肺泡过度扩展时毛细血管跨壁压急骤升高，破坏肺气血屏障，导致毛细血管反应衰竭（Stress Failure）。机械通气时，由于肺病变往往不均匀、通气容量过大时，在扩张肺泡与实变肺泡之间可产生很强的剪切力（Shear Fore），导致肺损伤，所以容量伤是机械通气所致肺损伤中最常见的。近年来的研究还发现，呼气末肺容积过低和肺不张，导致终末肺单位随机械通气而周期性地开放和关闭，也可诱发肺损伤，称为不张伤（Atelectrauma）。此外，在肺机械性损伤的基础上肺内炎性细胞聚集和炎症介质释放进一步促进了肺损伤的发生和发展，又有人将其称为生物伤（Biotrauma）。在肺损伤的发生过程中，上述损伤往往同时或先后发挥作用且互相影响，使肺损伤的表现形式多样。

2）动态性过度充盈（Dynamic Hyperinflarion）[12]

慢性阻塞性肺疾病患者，由于气道阻力增加及动态性气道受压、呼气流速受限，如果没有足够的呼气时间，呼气不可能在下一次吸气开始前完成，导致肺屏气（Air Trapping），呼气末出现正压，即“自动”或“内源仕”呼吸机末正压（PEEP），使肺呈过度充盈状态。大潮气量及呼吸比例成反比的机械通气可加重动态性过度充盈。严重的肺过度充盈可导致气压伤及低血压。机械通气时，若发生送气困难、呼吸音减低、颈静脉充盈、血压低而脉搏快等症状，在排除张力性气胸后可试行低通气加以证实，即在纯氧条件下减慢呼吸器频率 2~3 次/分钟，如果 1 分钟内血压上升，脉搏减慢可证实存在肺过度充盈，如测得 auto-PEEP 可确诊。

3）低血压[13,14]

机械通气使胸腔内压力升高，影响静脉回心血量，如患者同时处于低血容量状态时，容易导致低血压，这通常可通过快速输液来克服。在高容量通气时，如果肺处于过度扩张状态，使肺毛细血管受压，肺血管阻力增加，进一步减少心排血量，易引起低血压。

4）撤机困难[15~18]

即指病人撤离呼吸机后，其自主呼吸不足以维持适当的氧合。原发疾病未得到改善或继发某些合并症，可能导致撤机困难。常见的原因为呼吸肌乏力或呼吸机相关性肺炎。而对于慢性阻塞性肺疾病患者，撤机困难是呼吸衰竭未能得到有效纠正的表现。除了经典撤机标准外，一些单变级指数，如气道关闭压、浅快呼吸指数、呼吸功，以及一些多变量指数，如不利因素/通气评分(Adverse Factor/Ventilatorscore)、CROP 评分(将病人的肺顺应性、氧合情况及最大吸气压综合评分)可指导撤机。

1.1.3 同步变压位机械通气方法

从公元 15 世纪 Leonardo da Vinci 提出空气可通过胸廓风箱式的作用而进入肺内，启蒙了以后的呼吸生理学及机械通气理论的发展，到今天机械通气技术已经历了数百年的改进和完善，正压通气技术已经成为了当前治疗呼吸衰竭、实现呼吸维持的主要手段，应用到了社会各级主要医院。但是正压通气也存在着诸如呼吸机相关肺炎、肺损伤、动态性过度充盈、低血压和撤机困难等弊端，使得该技术在实现呼吸维持功能的同时也给患者带来了更严重的生命威胁。随着人类物质文明和精神文明的高速发展，人类的要求已不再停留在过去那种能挽救生命、保住生命上，而是致力于追求治疗的安全性、微创或无创、无后遗症等方面，为了满足发展要求，许多人一直在努力进行对正压通气技术的改进完善研究，但由于正压通气技术自身存在的缺陷使得这些改进方法没有达到明显的效果，因此大家都在寻求更加安全有效的新的机械通气方法。

2003 年“非典”过后，一种新型机械通气方法——同步变压位机械通气被提出，并申请专利：“人工呼吸床(椅)”实用新型(专利号：ZL200420150410.6)。该实用新型在机械通气领域提出了符合人体呼吸生理的创新理念，巧妙地运用与呼吸同步变换体位和对斜俯卧位悬空腹变压的方法，通过重力和惯性力的作用，充分调动、发挥膈肌的呼吸潜能，使肺潮气量成倍增加。

同步变压、同步变位和同步变位压是“人工呼吸床(椅)”实用新型的核心理论，它打破了正压机械通气的传统模式，通过充分利用横膈膜在呼吸过程中的效用，提高呼吸潮气量，在机械通气领域取得了里程碑式的进步。

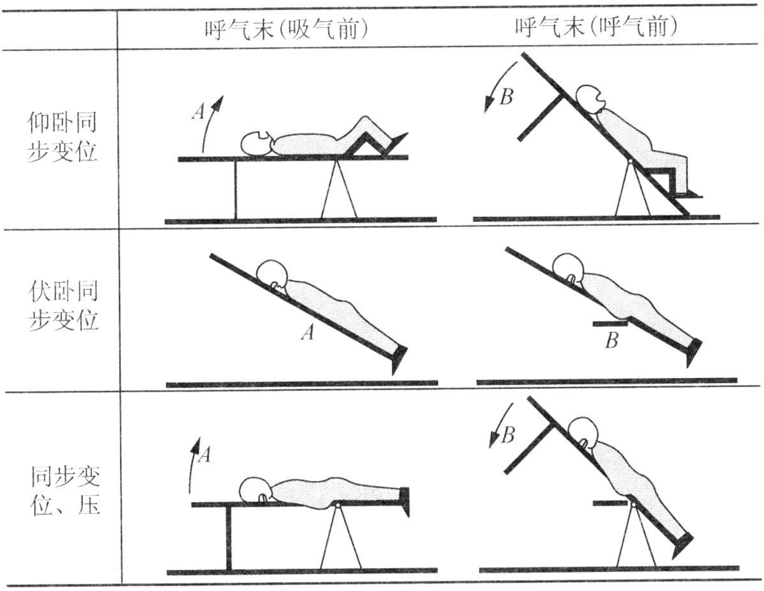

图1.1　同步变位、同步变压和同步变位、压实验用床(椅)示意图

如图1.1所示，仰卧同步变位时，当患者开始吸气后，人体由平躺变为倾斜，此时横膈膜因受到重力和惯性力的作用而向足侧移动，形成肺内负压，辅助吸气；而当患者开始呼气后，人体由倾斜变为平躺，此时横膈膜因受到重力和惯性力的作用而向头侧移动，对肺部形成正压，辅助呼气。俯卧同步变压时，患者斜俯卧在有腹下托板的床体上，当患者开始吸气后，腹下托板从床面位置开始下移最终至脱离腹部的位置，此时患者腹部悬空、下垂，拉动横膈膜向足侧移动，形成肺内负压，辅助吸气；当患者开始呼气后，腹下托板开始向上复位，最后恢复至床面位置，此时患者腹部被向上托压，横膈膜向头侧移动，形成肺内正压，辅助呼气。同步变位压，是俯卧同步变位和同步变压的双重作用，能更有效地形成肺内正、负压，辅助呼、吸气。

与基于传统正压通气方法的呼吸机相比，智能人工呼吸床(椅)有如下几个特点。

(1) 无创通气。智能人工呼吸床(椅)采用的是托压腹部和变换体位的方法实现通气，无须经鼻插入导管或割开喉咙，因此实现了真正意义上的无创通气。

(2) 高效通气。实验表明斜俯卧位时与呼气时相同步托压悬空的腹部所测得的潮气量和以大角度与呼吸同步变换体位时的潮气量相近，均高达静态时的 2 倍以上，对受试者同时实施上述两种方法，所测得的潮气量可高达静态呼吸潮气量的 3 倍以上；与呼吸同步变换体位时测得的潮气量均明显大于各种体位静态时的潮气量，有的甚至可高出静态的 1 倍以上。

依托以上创新理论、方法的“人工呼吸床(椅)”实用新型，可以开发为新型、安全、高效的机械通气装置和广大慢阻肺患者的保健康复治疗椅。

1.2 研究意义

本书的研究是以同步变压位机械通气方法为基础而开展起来的，最终目的是实现新方法的产品转化。由于该方法在历史上还是首次被提出，并且其辅助通气的机理与以前提出的方法有着本质上的区别，所以在实现最终目标的过程中，有许多可以预测和不可预料的难题需要解决，如方法的理论证明、最优通气方法选择、智能控制的实现、临床应用的适应症等。综上，本书有着重要的理论研究意义和实际应用价值，具体分为以下几个方面。

(1) 同步变压位机械通气方法的提出开辟了机械通气的新途径。依托该方法可以开发新型、安全、高效的机械通气装置以及针对广大慢阻肺患者的保健康复治疗椅，为人类造福。

(2) 建立腹压机械通气数学模型，从理论上证明了同步变压位机械通气方法的实用性，基于模型的仿真研究反馈信息对方法进行完善，并得到初步优化通气控制方案。采用最小二乘线性回归方法，建立腹压、胸内压和相对肺容量的关系子模型，结合二阶线性肺动态顺应性子模型和非线性气道阻力子模型，综合构建腹部托压通气方法完整数学模型。借助该模型进行机械通气仿真研究，佐证腹压机械通气方法的辅助通气性能。同时，腹压机械通气数学模型建立的方法也为其他医学生理建模，特别是肺通气相关医学建模提供了理论、方法基础。另外，基于腹压机械通气数学模型的通气仿真研究，一方面对腹压机械通气方法进行完善和补充，另一方面提出了优化通气方案。

（3）基于多算法混合的呼吸时间序列预测算法的研究，为同步腹压通气实验用床和变换体位实验用椅的智能控制实现提供了基础，也为其他的数据信号处理提供了理论、方法基础。同步腹压通气实验用床和变换体位实验用椅的同步辅助通气实现过程中，下一个呼吸周期的控制动作是以下一个呼吸周期为基础的，不同的呼吸周期对应不同的动作过程，因此在当前呼吸周期过程中，需要对下一个周期进行精确预测，如果预测的呼吸周期与实际的呼吸周期差别较大，轻则影响通气效果，重则危及患者生命。另外，所提出的多算法混合时间序列预测方法也为其他的数据信号处理提供了理论、方法基础。

（4）腹压通气实验用床的开发成功，为临床实验和模型验证提供了硬件条件。对于一项新通气方法的研究，相关的一系列临床实验是一个必不可少的过程，所以实验用床的开发非常重要。通过对腹压通气方法的深入研究和探讨，针对性地设计出包含有头胸段、腹腿段、小腿段和托压部件的实验床，旨在达到复杂多变参数环境下实验目的；使用高精度的伺服马达，为腹部托压提供动力支持；借助 Visual C ++ 6.0 编程环境，开发出易于操作的智能控制软件。

（5）体位变换通气实验用椅的设计研究，为临床实验用椅的开发提供了坚实的基础。对体位变换通气实验用椅进行机械结构设计，借助机械仿真软件 ADAMS 对多个机械设计方案进行仿真研究，并选择出最优设计方案；对体位变换通气实验用椅的控制算法进行研究，提出针对速度伺服方案的自抗扰控制器和力矩伺服方案的专家知识 PID 控制器，实现体位变换通气实验用椅智能控制功能。

1.3　国内外相关理论研究

1.3.1　机械通气智能控制研究

作为一种重要的医疗仪器，呼吸机的控制方式关系到病人的安全性、舒适度以及治疗的可靠性、时效性。因此，呼吸机系统控制方式的合理选择尤为重要。近年来，随着计算机技术的应用，呼吸机研究中的智能控制技术得到了快速发展，掌握和运用呼吸机智能控制技术拓宽其应用范围，对提高急危重症呼吸衰竭患者救治成功率、延长患者的存活时间具有重要作用。

1. 呼吸信号检测技术

呼吸信号的检测技术是机械通气技术的一个重要部分，是临床监护技术的一项重要指标，通过检测呼吸信号可以实现与呼吸同步的辅助通气，可以得到呼吸频率、呼吸幅度等重要呼吸生理指标，还可以借助呼吸信号进行疾病诊断等。

人体呼吸过程在人体内、外会产生许多物理变化，首先人体吸入和呼出的气体存在着温度差；其次在人呼吸的时候，口腔或鼻腔周围因空气的流动在瞬间会存在静、动压力变化；再次外界气体在吸入和体内向外排出气体时具有一定的气体流量，同时胸腔的扩大和缩小的节律性交替改变也会引起胸部、背部以及腹部的起伏变化，可采用一些方法将这些变化转换成与之对应的信号或信息，用于检测呼吸信号。

呼吸信号检测技术是一个不断创新、发展的领域。早期存在的检测方法有无创流量传感器检测、压力传感器检测和温度传感器检测。无创流量传感器检测是通过流量传感器将口鼻通气流量转换为电压信号，获取到呼吸信号；压力传感器检测是通过压力传感器将气道内的压力或胸腹部的起伏变化转换为电压信号，再对电压信号进行处理得到呼吸状态信号；温度传感器检测则是通过温度传感器将呼吸流通路上的气体温度转化为电压信号，从而得到呼吸信号。现今，呼吸信号检测技术向着智能化、精确化发展，其中包括呼吸阻抗检测方法和依靠心电信息、呼吸声音获取呼吸信号的方法。

1）呼吸阻抗检测方法

呼吸运动时，随着胸壁肌肉张弛，胸廓交替形变，机体组织的电阻抗也将产生交替的变化。实验证明，呼吸阻抗与肺容积之间存在着一定的对应关系，呼吸阻抗值与肺容积成正比。阻抗式呼吸频率传感器就是依据这一特性设计的。

呼吸阻抗检测是目前呼吸监测设备中最为常用的一种技术，具有无创、简单、安全、廉价等诸多优点，但受人体运动引起的干扰影响较大。对此，国内外很多学者都在努力寻找消除运动对呼吸阻抗测量干扰的有效方法，并取得了一定成果。Javier 和 Rosell 等提出了应用双频率阻抗测试和自适应处理技术相结合的方法消除呼吸阻抗测量中的运动干扰[19,20]，我国航天医学工程研究所和国防科技大学的王卫红、鲍咸能等人也于1999年在该方法的基础上，设计出了软硬件实测系统，并进行了人体实验[21]。

2）通过心电信息获取呼吸信号

呼吸运动会引起心电图的变化。在心电图中，心率和 QRS 波群表现出的周期性波动就是因为呼吸运动的影响。通过心电图，我们可以观察到在呼吸周期内由胸部运动和心脏位置变化所引起的心电波形峰峰值的改变。

Moody 等[22]通过对比因呼吸改变相角的心电向量和参考心电向量，从多通道心电图中获得了呼吸信号的波形和频率。Varanini 等[23]提出基于单导联心电图进行自适应滤波获得呼吸信号的方法。这种方法是将从心电图信号中提取的 R-R 间期时间序列与 R 波波幅时间序列作为滤波器的输入，通过自适应滤波，在它的输出端估算出呼吸运动的频率。

通过心电向量图可获取呼吸信号。这种方法是基于一种可观测到的心电向量环和一种关于旋转变换以及时间同步的参考向量环的结合。一系列旋转角度的变化反映了由呼吸带来的心脏中电轴的变化。呼吸频率是从对呼吸信号的功率谱分析中估算出来的。呼吸调制与心率的值是通过对信号的旋转角度和心率的交叉功率谱分析得到的[24]。

3）通过呼吸声音获取呼吸信号

文献[25,26]中提出了一种通过气管声音来判断呼吸状态的模型。实验表明，对于人体呼和吸两种状态，气管内的通气气流和气管内声音的电压平均值存在着一定的关系，并且呼、吸两种状态下的气流和声音电压平均值关系有着明显的差别，从而可以通过建立数学模型对气管内的声音电压平均值进行处理，判断出相应的呼吸状态。

2. 呼吸同步智能控制

机械通气的控制原理由早期的开环控制逐步改为闭环控制。闭环控制型机械通气可以是比较简单的，即仅根据一个输入信息来控制一个输出变量，如目前广泛应用的定容型通气（VCV）和定压型通气（PCV）；也可以是较复杂的，即根据多个输入信息同时控制多个输出变量，从而达到近似生理呼吸的状态，如双重控制型通气、适应性支持通气等[27]。根据闭环控制输出变量的多少，可将这些新技术、新模式分为以下几类。

（1）双相气道正压通气及衍生模式。双相气道正压通气是 PCV 与自主呼吸的结合，患者可在高、低两个不同气道压水平自主呼吸，而气道压则周期性地在此两个水平之间切换[28]。国外于 20 世纪 90 年代中期相继推出第二代 BiPAP 模式：BiLevel 和 DuoPAP；第三代 BiPAP 模式：智能正压通气(SPAP)。

（2）双重控制型通气。双重控制型通气具有定容型通气和定压型通气的优点。此类通气是通过在呼吸机内建立起自动反馈功能，在患者的呼吸力学特性和吸气努力发生不断变化时，呼吸机对通气压力和容积进行同步控制以达到预定的目标潮气量(VTtarget)，且通气支持水平能适应患者的实际需要[29]。

（3）适应性支持通气。适应性支持通气(ASV)利用呼吸机内的微电脑持续监测患者的呼吸状态，自动设置和调整通气参数及通气支持水平，以适应患者的实际需求。ASV 尽量简化了通气参数的设置和调整，避免了因使用者不同而出现的操作差异，同时还能适应患者的不同情况，可提供从完全控制通气到完全自主呼吸的不同程度通气支持，患者始终处于呼吸做功最小状态，直至撤机[30,31]。

（4）比例辅助通气。比例辅助通气(PAV/PPS)是指在脱机状态下，呼吸机对患者的吸气努力提供成比例的辅助，而不控制患者的呼吸方式(如吸气压力、潮气量和吸呼时间比等)。PAV/PPS 是一种采用正反馈控制原理的通气模式[32,33]。20 世纪 90 年代中期以后，国外开始研制通过监测 $P_{0.1}$(气道闭合压)来控制 PSV 支持水平的新型通气技术，并已开始在临床上试用，同时还开展了将模糊逻辑(Fuzzy Logic)控制原理应用于机械通气的研究，并发展成为一种新的通气型式——生物可变性通气(BVV)[34,35]。

1.3.2 机械通气建模仿真研究

建模仿真技术在肺通气研究方面起到了很大的作用。通过对肺通气进行数学建模、仿真，可以研究肺的脉管系统中结构功能之间的关系，弄清肺的损伤和病变对这种关系的影响；基于临床数据建立的恒状态模型可以揭示肺部内皮细胞与减少氧化还原活性化合物之间存在的重要关系；肺部脉管系统的状态模型可以用来检查、描述和预测脉管形态的变化[36]。

1. 线性电路模型[37]

独立肺的 RC 模型。呼吸的最简单模型，以 RC 电路为基础，如图 1.2 所示，P_c 代表进气压力，Q_L代表进入肺的气体流量，R 代表气道阻力，P_L 代表肺内压力，E_L代表肺的容量，P_m模拟肌肉运动产生的呼吸效果。

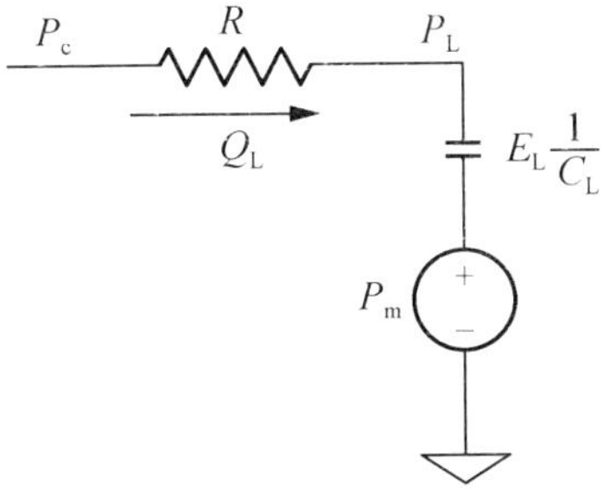

图 1.2　肺通气 RC 模型

RRCC 模型。机械通气支持下肺通气模型，结合了机械通气效力和患者自主呼吸效力的双重作用。其基本建模思想与独立肺的 RC 模型相同，模型结构如图 1.3 所示。其中，Q 为呼吸机端的通气气流，P_v为呼吸机出口处压力，R_T和 E_T分别为患者气道阻力和顺应性，其他符号与 RC 模型相同。

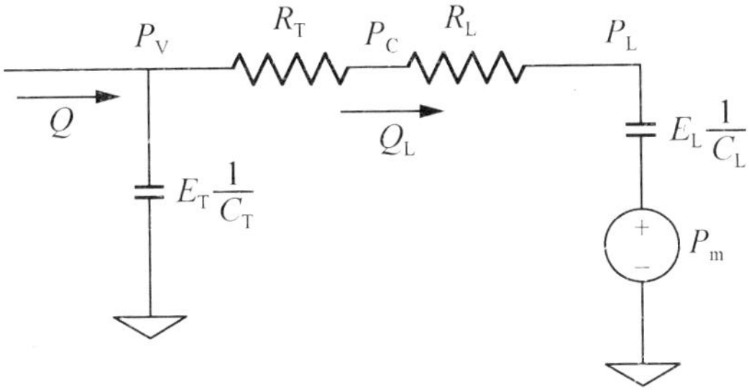

图 1.3　肺通气 RRCC 模型

2. 基于现代影像技术模型

随着医学影像技术和计算机图像处理技术的发展，实时在线获取患者的呼吸运动透视图像序列已不再困难，根据人的呼吸运动规律和统计学的基本要求，通过采集患者胸部影像，结合图像目标匹配跟踪方法，实时跟踪横膈膜或治疗靶区的位置变化，获取到目标点位置和时间的关系曲线，并由此计算出位置-概率的关系曲线，可得到呼吸运动的概率统计模型。

文献[38]中采用块匹配的方法进行序列图像感兴趣点的跟踪，通过判断当前模板与定义模板特征差别来进行跟踪。采用均方误差准则来衡量待匹配的块和模板之间的差别。对于 $N \times N$ 的模块，均方差的计算公式如下：

$$MSE = \frac{1}{N^2}\sum_{i=0}^{N-1}\sum_{j=0}^{N-1}(C_{ij} - R_{ij})^2 \tag{1-1}$$

式中：C 是当前块，R 是参考块，C_{00} 是当前块的左上角取样值，R_{00} 是参考块左上角取样值，在指定的区域搜索后，找到最小均方差对应的点即为跟踪结果。

采用上述块匹配方法跟踪到了目标点，并获得其位置和时间的关系曲线，接下来是得到概率统计模型。针对通过统计某一点在某个范围出现的次数来求解得到概率曲线存在不平滑的缺点，所以采用统计在某段位置时间间隔的方法，把目标点的运动范围分成 N 段，分别为 ΔZ_1，ΔZ_2，…，ΔZ_i，…，ΔZ_N，设 ΔZ_i 段的概率为 P_i，则：

$$P_i = \sum_{j=1}^{M}\Delta t_j / T \tag{1-2}$$

式中：T 为总的运动时间，Δt_j 为 i 段直线与曲线相交的第 j 段的时间间隔，M 为 i 段直线与曲线相交点的数目。

以多组采集到的某患者图像用以测试，选取第一帧的横膈膜最高点为特征点，采用改进块匹配的跟踪方法进行跟踪，可以得到目标点 SI（Superior-Inferior）和 LR 方向运动规律，通过选取另一时刻此人的正位序列图像进行对比，图 1.4 为 SI 方向对应的跟踪曲线及概率分布曲线的对比。

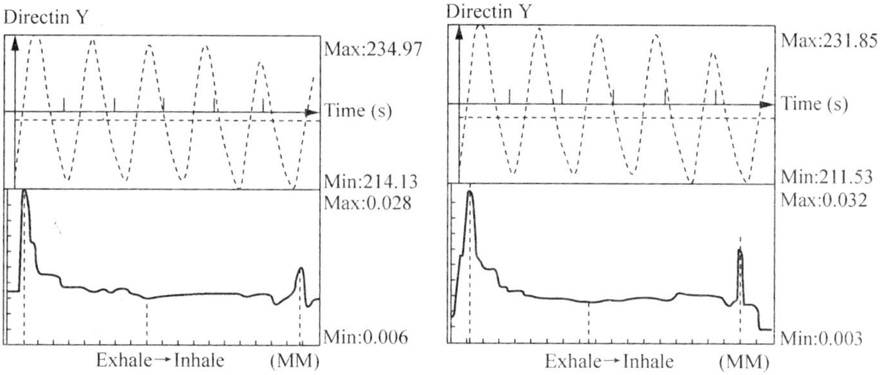

图 1.4 不同时刻呼吸运动规律对比

从图中可以看出呼吸运动曲线具备周期性，大致呈正弦形状，上下方向运动范围约为 20mm，大约每 13 帧为一个运动周期，时间为 4.8s（13 ×0.372）。这些都符合人体运动规律，并且曲线大致形状与传统呼吸运动模型曲线相同。

3. 基于智能控制技术的机械仿真系统

近年来，国外基于智能控制技术的机械仿真系统的研究取得了一定的成果，例如，Rios 等[39]研究了包含两个进气通道和一个排气通道的肺通气模型，同时建立了基于该模型的机械仿真系统；Lukyanov 等[40]建立了旨在研究呼吸系统气体运动过程的机械仿真系统，该系统成功地模拟了人类的鼻咽结构，同时将系统结果数据与实际人类呼吸数据进行比较，有助于人们更好地理解呼吸过程中鼻腔中的气体运动过程。尽管 Rios 和 Lukyanov 等人建立的仿真系统对机械通气技术的研究发展起到了一定的作用，但由于使用的模型比较简单或是局部化，所以在机械通气技术的深入研究中存在一定的局限性。2003 年，Mesic 等人[41]研究了基于肺通气完整模型的计算机机械通气仿真系统，该系统借助某病人通气数据能较好地模拟该病人机械通气过程，可以为医生和护士提供一个技能培训的模拟环境，更重要的是建立的肺通气完整模型为以后的深入研究提供了基础。

Samir 等人建立的仿真系统是一个机械肺模拟设备，其中肺活动机械模拟方法用到了计算机控制的灵敏机械系统，这个系统的主要优点是模拟器的动态和静态参数能很容易被调整，通过分析人工通气治疗的病人数据，估计出模型的参数，同时，一个非线性的单室数学模型也被首次用到该模型中。为了实现仿真功能，系统需要两个模型和一个控制系统：呼吸系统仿真所需的数学模型、机械仿真所需的数学模型和仿真实现的控制系统。限于篇幅，本书将只介绍仿真机械系统和呼吸系统仿真所需的数学模型的建立。

文献[41]中提出了如图 1.5 所示的仿真机械系统，该系统包含有激励、接口电路、低电压位置控制器和主控计算机。在该系统中，带有活塞(Piston)的气箱(Air Compartment)模拟了呼吸系统的肺泡空腔和弹性模量，活塞的位置是由伺服马达驱动实现的，而控制器 DMC1020 通过对实时数据的分析决定了马达的运动方式。

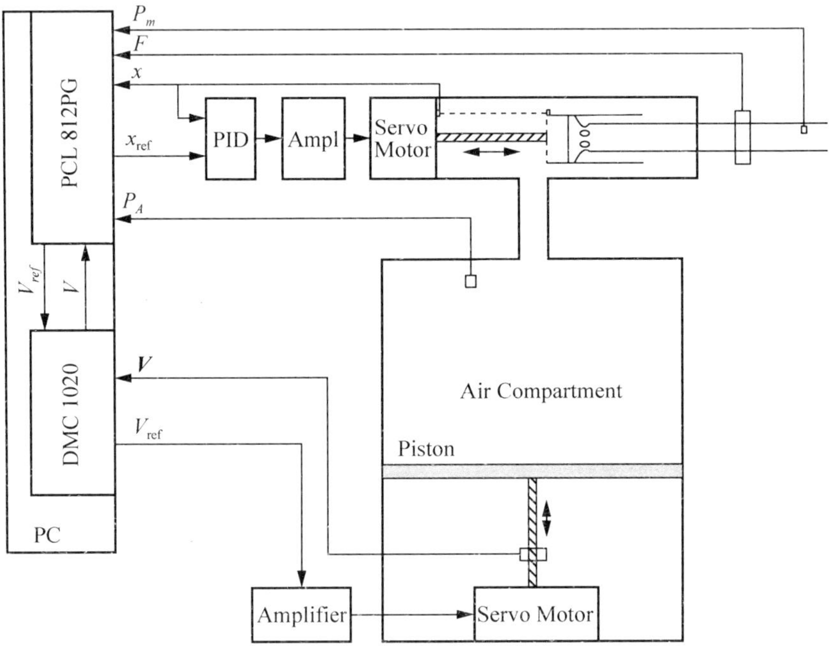

图 1.5　带有传感器、激励、电子接口电路和控制器的机械肺仿真器

在呼吸系统仿真所需的数学模型的建立上，考虑非线性静态顺应性、线性动态顺应性和非线性空气阻力三方面情况得到了如下呼吸系统数学模型：

$$V_{\mathrm{L}} = \frac{1}{E}P_{\mathrm{A}} + \boldsymbol{FRC} \tag{1-3}$$

$$G_V(s) = \frac{V(s)}{P_A(s)} = \frac{1}{E}[K_1G_{V1}(s) + (1-K_1)G_{V2}(s)], K_1 \in (0,1) \quad (1-4)$$

$$\boldsymbol{R} = R_0 + K_V V + K_F |\dot{V}| \quad (1-5)$$

$$P_A = P_m - P_{aw} \quad (1-6)$$

其中，式(1-3)、式(1-4)、式(1-5)分别为非线性静态顺应性、线性动态顺应性和非线性空气阻力数学模型，而式(1-4)为肺泡压力与口腔压力和气道阻力之间的关系。V_L 为肺通气容量，$\boldsymbol{E}$ 为整个肺的弹性模量，P_A 为肺泡压力，P_M 为口腔压力，P_{aw} 为气道外泄压力，***FRC*** 为功能性气体残留量，$\boldsymbol{R}$ 为气道阻力，R_0 为薄片气流阻力，K_V 为容量电阻系数，K_F 为流量电阻系数，$\boldsymbol{V}$ 为在 ***FRC*** 基础上的肺通气容量，K_1 为粘滞比例系数。

由以上四组数学模型：非线性静态顺应性数学模型、线性动态顺应性数学模型、非线性空气阻力数学模型和压力关系模型，可以得到如图 1.6 所示的人体呼吸系统的完整模型。

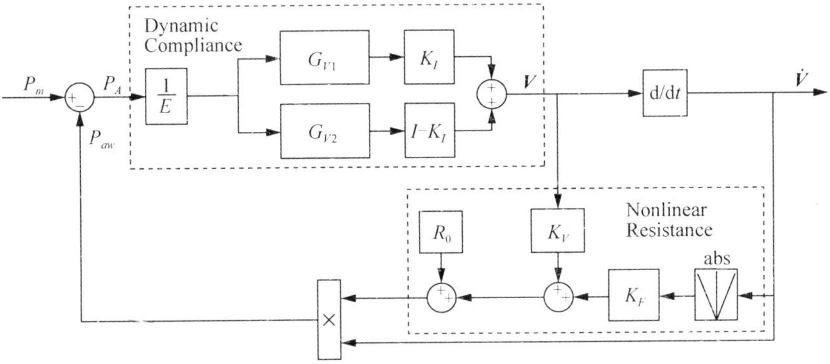

图 1.6　肺通气系统完整模型

1.4　本书的主要研究内容、成果和结构

1.4.1　本书主要研究内容和成果

本书主要研究以下几项内容。

(1) 腹压机械通气方法数学模型和仿真研究。采用最小二乘线性回归方法，建立了腹压、胸内压和相对肺容量的关系子模型，结合二阶线性肺

动态顺应性子模型和非线性气道阻力子模型，综合构建了腹部托压通气方法完整的数学模型；基于腹压机械通气数学模型进行了仿真研究和结果分析。

（2）基于多算法混合的呼吸时间序列预测研究。提出了司法消噪(JDN)算法，在保留数据的原始信息前提下，实现了对时间序列中数据噪声和新稳态的处理；利用经验模式分解方法对除噪后的数据进行平稳化分解处理；结合 BP 神经网络、最小二乘支持向量机分别对分解后的低频、高频项进行预测，实现对时间序列的在线精确预测。

（3）腹压通气实验用床的机械设计和控制系统开发。设计出了包含有头胸段、腹腿段、小腿段和托压部件的实验床，开发出了易于操作的智能控制软件。现实验用床已投入使用，运行良好。

（4）体位变换通气实验用椅的机械设计和智能控制算法研究。对体位变换通气实验用椅进行了机械结构设计，借助机械仿真软件 ADAMS 对多个机械设计方案进行了仿真研究，并选择出最优设计方案；对体位变换通气实验用椅的控制算法进行了研究，提出了高精度、高能耗的速度伺服驱动方案的 PID 控制器，考虑到设计上的低能耗要求，提出了力矩伺服驱动方案，并结合专家知识、PID 控制理论和自抗扰控制理论构造了控制器，实现了低能耗控制。

1.4.2 本书结构

（1）第 1 章介绍了机械通气发展的历史，分析了正压通气存在的问题，简单描述了本书所研究的理论基础同步变压位机械通气方法，说明了本书研究的意义，详细分析了当前国内外机械通气方面智能控制与建模仿真研究的现状，最后介绍了本书的研究内容和成果，以及本书的结构。

（2）第 2 章首先介绍机械通气基础性理论肺通气原理，详细介绍腹部托压、体位变换机械通气方法的原理和前期实验结果。

（3）第 3 章介绍医学数学模型研究方法的相关知识，并分别从数学模型的概念、数学模型的类型及特点、数学建模方法及步骤、医学数学模型发展历史和医用数学模型实例等方面进行阐述。

（4）第 4 章研究腹部托压机械通气的建模方法，提出采用最小二乘线性回归方法建立腹压、胸内压和相对肺容量的关系子模型，结合二阶线性肺动态顺应性子模型和非线性气道阻力子模型，综合构建腹部托压通气方法完整的数学模型；借助 MATLAB 仿真工具对腹部托压形式和通气效果之间的关系进行仿真研究。

（5）第5章介绍系统预测模型的相关知识，首先对系统预测进行概述，然后分别就常用的几种系统方法进行介绍，其中包括回归分析方法、时间序列分析方法、人工神经网络技术和灰色预测理论模型。

（6）第6章研究呼吸时间周期序列预测算法，提出多算法混合预测算法。提出司法消噪算法，在保留数据的原始信息前提下，实现对时间序列中数据噪声和新稳态的处理；提出使用经验模式分解对除噪后的数据进行平稳化分解处理方法；提出结合 BP 神经网络、最小二乘支持向量机分别对分解后的低频、高频项进行预测，实现对时间序列的在线精确预测。最后基于某患者呼吸周期序列预测进行仿真研究。

（7）第7章提出基于“人工呼吸床(椅)”实用新型的腹压通气实验用床系统。提出该实验用床的机械设计方案，分别详细介绍腹部托压部件、头胸段、腹腿段和小腿段的设计方案；提出基于模糊自适应整定 PID 的同步控制算法，并进行仿真研究；提出模块化智能控制软件设计方案，分别详细介绍软件总体结构设计、呼吸信号处理与多算法混合预测实现、腹部托板 S 曲线方式驱动实现、实验数据存储功能实现和人机接口设计开发。

（8）第8章研究体位变换实验用摇椅设计方案。首先提出多个体位变换实验用椅的机械设计备选方案，通过分析各方案的优缺点，并借助机械仿真软件 ADAMS 对方案进行仿真研究，确定滑竿驱动式摇椅为最佳方案。接下来研究该方案的智能控制实现，提出速度伺服驱动方案下的自抗扰控制器和力矩驱动方案下的专家知识 PID 控制器。最后在 ADAMS 和 MATLAB 中进行联合仿真研究。

（9）第9章对本书进行系统归纳、概括和展望，提出本书的主要的创新点。本书对腹部托压通气方法的数学建模、实验用床系统开发和体位变换机械通气方法的实验用椅开发进行研究与探讨，并做了计算机仿真和应用实验，得到较好的效果，验证了理论研究的有效性。但还有许多问题需要进一步的研究，最后指出今后的主要研究方向及研究重点问题。

第2章 肺通气原理及同步变压位通气方法

本章介绍了机械通气基础性理论肺通气原理，详细介绍了腹部托压、体位变换机械通气方法的原理和前期实验结果。

2.1 引 言

呼吸是人最重要的机能，通常有两种方式：胸式呼吸和腹式呼吸。一般人都是胸式呼吸(即浅短呼吸)，是一种胸式运动。腹式呼吸是横膈膜向下降的运动，是利用横膈膜来呼吸，该呼吸方式相对于胸式呼吸潮气量大，能达到比较好的通气效果。既然横膈膜在呼吸过程中有如此大的作用，那么是不是能够把横膈膜运动和机械通气联系在一起呢？经过多年的研究发现，可以通过采用变换体位和腹部托压的方式带动横膈膜运动形成有效的机械通气功能。

在临床医学上对变换体位和腹部托压都进行了相关研究。文献[42]研究了腹部压块对膈肌运动的影响，研究表明腹部压块可使大部分患者膈肌运动幅度减小。文献[43]探讨了机械通气患者取仰卧位、半坐卧位与呼吸机相关肺炎的关系，研究结果表明患者取半卧位可有效降低呼吸机相关肺炎的发生率，提高呼吸通气疗效。文献[44]研究了不同体位与呼吸之间的几种关系。

(1) 半卧位。多数研究认为平卧位胃肠营养病人较半卧位病人胃液返流增加，30°~45°半卧位可使胃液返流、口咽部细菌定植和误吸减少。

(2) 俯卧位。俯卧位通过改善背侧通气、使血流和水肿重新分布、增加功能残气量、减少对心脏的压迫和改变局部膈肌运动来增加病人的氧合，有报道说可显著提高约70%有创机械通气的严重缺氧病人的氧合指数。

(3) 侧卧位。施侧卧位通气治疗效果与俯卧位通气治疗有效率接近，病人感觉较俯卧位舒适，且更有利于痰液的引流。侧卧位改善氧合的可能机制和俯卧位类似，在于肺组织通气的重新分布。

(4) 连续转动体位。支气管树黏膜纤毛运动在正常状态下能约束和清除外侵微生物，但在机械通气的危重病人，纤毛运动减弱，起了陷闭病菌的作用。通过体位引流可实现连续转动体位。体位引流是依重力作用促使各肺叶或肺段气道分泌物的引流排出，起到增加纤毛清除能力、促进痰液排出的作用。

以上的研究尽管没有将体位变换和腹部托压与机械通气联系起来，但其实从研究结果可以看出体位变换和腹部托压确实与机械通气存在着很大的关联性。

自从2003年“非典”后，中国人民解放军空军航空医学研究所研究员李宪玉就开始着手研究体位变换和腹部托压与机械通气之间的关系。经过几年的不懈努力终于形成了基于同步变压、同步变位原理的新型机械通气方法，并成功申请了相关专利：“人工呼吸床(椅)”实用新型。

本章在简单介绍与机械通气相关的肺通气原理后，重点引入同步变压位机械通气原理，并给出前期实验结果。

2.2 肺通气原理

肺通气(Pulmonary Ventilation)[45]是肺与外界环境之间的气体交换过程。实现肺通气的器官包括呼吸道、肺泡和胸廓等。呼吸道是沟通肺泡与外界的通道；肺泡是肺泡气与血液气进行交换的主要场所；而胸廓的节律性呼吸运动则是通气的动力。

气体进入肺取决于两方面因素的相互作用：一是推动气体流动的动力；一是阻止其流动的阻力。前者必须克服后者，方能实现肺通气，正如心室射血的动力必须克服循环系统的阻力才能推动血液流动一样。

2.2.1 肺通气的动力

气体进出肺是由大气和肺泡气之间存在着压力差的缘故。在自然呼吸条件下，此压力差产生于肺的张缩所引起的肺容积变化。可是肺本身不具有主动张缩的能力，它的张缩是由胸廓的扩大和缩小所引起的，而胸廓的扩大和缩小又是由呼吸肌的收缩和舒张所引起的。当吸气肌收缩时，胸廓扩大，肺随之扩张，肺容积增大，肺内压暂时下降并低于大气压，空气就顺此压差而进入肺，造成吸气(Inspiration)。反之，当吸气肌舒张和(或)呼气肌收缩时，胸廓缩小，肺也随之缩小，肺容积减小，肺内压暂时升高并高于大气压，肺内气便顺此压差流出肺，造成呼气(Expiration)。呼吸肌收缩、舒张所造成的胸廓的扩大和缩小，称为呼吸运动。呼吸运动是肺通气的原动力。

1. 呼吸运动

引起呼吸运动的肌肉为呼吸肌。使胸廓扩大产生吸气动作的肌肉为吸气肌，主要有膈肌和肋间外肌；使胸廓缩小产生呼气动作的是呼气肌，主要有肋间内肌和腹壁肌。此外，还有一些辅助呼吸肌，如斜角肌、胸锁乳突肌和胸背部的其他肌肉等，这些肌肉只在用力呼吸时才参与呼吸运动。

(1) 吸气运动。只有在吸气肌收缩时，才会发生吸气运动，所以吸气总是主动过程。膈肌形状似钟罩，静止时向上隆起，位于胸腔和腹腔之间，构成胸腔的底。膈肌收缩时，隆起的中心下移，从而增大了胸腔的上下径，胸腔和肺容积增大，产生吸气。膈下移的距离视其收缩强度而异，平静吸气时，下移约1~2cm，深吸气时，下移可达7~10cm。由于胸廓呈圆锥形，其横截面积上部较小，下部明显加大，因此，膈稍稍下降就可使胸腔容积大大增加。据估计，平静呼吸时因膈肌收缩而增加的胸腔容积相当于总通气量的4/5，所以膈肌的舒缩在肺通气中起重要作用。膈肌舒缩引起的呼吸运动伴以腹壁的起伏，所以这种形式的呼吸称为腹式呼吸(Abdominal Breathing)。

(2) 呼气运动。平静呼气时，呼气运动不是由呼气肌收缩所引起，而是因膈股长肋间外肌舒张，肺依靠本身的回缩力量而回位，并牵引胸廓缩小，恢复其吸气开始前的位置，产生呼气。所以平静呼吸时，呼气是被动的。用力呼吸时，呼气肌才参与收缩，使胸廓进一步缩小，呼气也有了主动的成分。肋间内肌走行方向与肋间外肌相反，收缩时使肋骨和胸骨下移，肋骨还向内侧旋转，使胸腔前后、左右缩小，产生呼气。腹壁肌的收缩，一方面压迫腹腔器官，推动膈上移，另一方面也牵拉下部的肋骨向下向内移位，两者都使胸腔容积缩小，协助产生呼气。

(3) 平静呼吸和用力呼吸。安静状态下的呼吸称为平静(平和)呼吸(Eupnea)，其特点是呼吸运动较为平衡均匀，每分钟呼吸频率约12~18次，吸气是主动的，呼气是被动的。机体活动时，或吸入气中的二氧化碳含量增加或氧含量减少时，呼吸将加深、加快，成为深呼吸或用力呼吸，这时不仅有更多的吸气肌参与收缩，收缩加强，而且呼气肌也主动参与收缩。在缺氧或二氧化碳增多较严重的情况下，会出现呼吸困难(Dyspnea)，这时，不仅呼吸大大加深，而且出现鼻翼扇动等，同时主观上有不舒服的困压感。

2. 肺内压

肺内压是指肺泡内的压力。在呼吸暂停、声带开放、呼吸道畅通时，肺内压与大气压相等。吸气之初，肺容积增大，肺内压暂进下降，大于大气压，空气在此压差推动下进入肺泡，随着肺内气体逐渐增加，肺内压也逐渐升高，至吸气末，肺内压已升高到和大气压相等，气流也就停止(图 2. 1)。反之，在呼气之初，肺容积减小，肺内压暂时升高并超过大气压，肺内气体便流出肺，使肺内气体逐渐减少，肺内压逐渐下降，至呼气末，肺内压又降到和大气压相等。

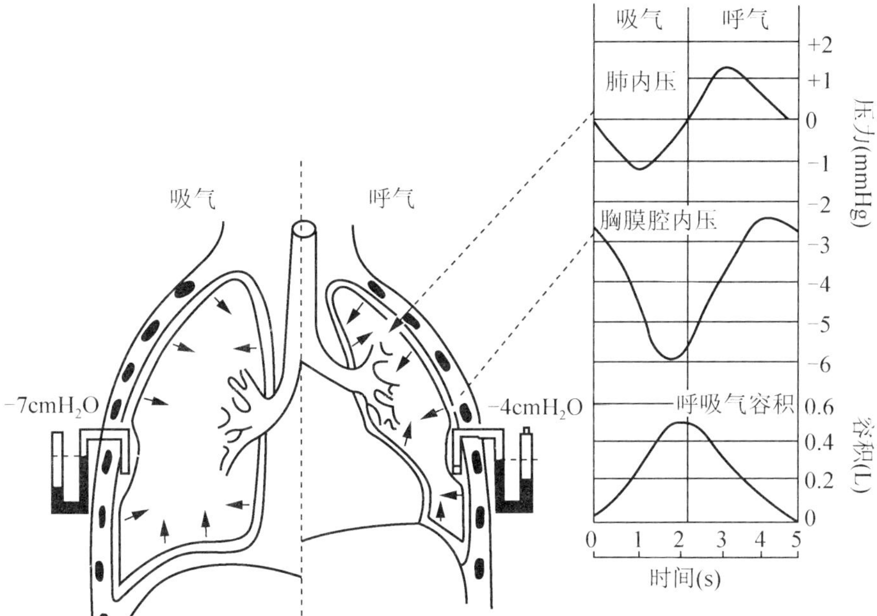

图 2. 1　吸气和呼气时，肺内压、胸膜腔内压及呼吸气容积的变化过程(右)和胸膜腔内压直接测量示意图(左)
(1cmHg = 1. 33kPa)

3. 胸膜腔和胸膜腔内压

如上所述，在呼吸运动过程中肺随胸腔廓的运动而运动。肺为何能随胸廓而运动呢？这是因为在肺和胸廓之间存在着密闭的胸膜腔以及肺本身有可扩张性的缘故。胸膜有两层，即紧贴于肺表面的脏层和紧贴于胸廓内壁的壁层。两层胸膜形成一个密闭的潜在的腔隙，为胸膜腔。胸膜腔内仅有少量浆液，没有气体，这一薄层浆液有两方面的作用。一是在两层胸膜之间起润滑作用。因为浆液的粘滞性很低，所以在呼吸运动过程中，两层胸膜可以互相滑动，减小摩擦。二是浆液分子的内聚力使两层胸膜贴附在一起，不易分开，所以肺就可以随胸廓的运动而运动。因此，胸膜腔的密闭性和两层胸膜间浆液分子的内聚力有重要的生理意义。如果胸膜腔破裂，与大气相通，空气将立即进入胸膜腔，形成气胸，两层胸膜彼此分开，肺将因其本身的回缩力而塌陷。这时，尽管呼吸运动仍在进行，肺却减小或失去了随胸廓运动而运动的能力，其程度视气胸的程度和类型而异。显然，气胸时，肺的通气功能受到妨害，严重者，应紧急处理。

胸膜腔内的压力为胸膜腔内压(Intrapleural Pressure)，胸膜腔内压是负压，这需要从分析作用于胸膜腔的力来说明。有两种力通过胸膜脏层作用于胸膜腔：一是肺内压，使肺泡扩张；二是肺的弹性回缩力，使肺泡缩小(图 2.1 左，箭头所示)。因此，胸膜腔内的压力实际上是这两种方向相反的力的代数和，即：

$$\text{胸膜腔内压} = \text{肺内压} - \text{肺弹性回缩力} \tag{2-1}$$

在吸气末和呼气末，肺内压等于大气压，故：

$$\text{胸膜腔内压} = \text{大气压} - \text{肺弹性回缩力} \tag{2-2}$$

若以 1 个大气压为 0 位标准，则：

$$\text{胸膜腔内压} = -\text{肺弹性回缩力} \tag{2-3}$$

综上所述，可将肺通气的动力概括如下：呼吸肌的舒缩是肺通气的原动力，它引起胸廓的张缩，由于胸膜腔和肺的结构功能特征，肺便随胸廓的张缩而张缩，肺容积的这种变化又造成肺内压和大气压之间的压力差，此压力差直接推动气体进出肺。

2.2.2 肺通气的阻力

肺通气的动力需要克服肺通气的阻力方能实现肺通气。阻力增高是临床上肺通气障碍最常见的原因。肺通气的阻力有两种：弹性阻力（肺和胸廓的弹性阻力），是平静呼吸时主要阻力，约占总阻力的70%；非弹性阻力，包括气道阻力，惯性阻力和组织的粘滞阻力，约占总阻力的30%，其中又以气道阻力为主。

1. 弹性阻力和顺应性

弹性组织在外力作用下变形时，有对抗变形和弹性回位的倾向，为弹性阻力。用同等大小的外力作用时，弹性阻力大者，变形程度小；弹性阻力小者，变形程度大。一般用顺应性（Compliance）来度量弹性阻力。顺应性是指在外力作用下弹性组织的可扩张性，容易扩张者顺应性大，弹性阻力小；不易扩张者，顺应性小，弹性阻力大。可见顺应性（C）与弹性阻力（R）成反比关系：

$$C = 1/R \tag{2-4}$$

顺应性用单位压力变化（ΔP）所引起的容积变化（ΔV）来表示，单位是L/cmH_2O，即 $C=\Delta V/\Delta P$。

（1）肺弹性阻力和肺顺应性：肺具有弹性，在肺扩张变形时所产生的弹性回缩力，其方向与肺扩张的方向相反，因为是吸气的阻力，即肺弹性回缩力是肺的弹性阻力。肺的弹性阻力可用肺顺应性表示：

$$\text{肺顺应性}(C_L) = \frac{\text{肺容积变化}(\Delta V)}{\text{跨肺压的变化}(\Delta P)} \tag{2-5}$$

其中，跨肺压是肺内压与胸膜腔内压之差。

（2）胸廓的弹性阻力和顺应性。胸廓也具有弹性，呼吸运动时也产生弹性阻力。但是，因胸廓弹性阻力增大而使肺通气发生障碍的情况较为少见，所以临床意义相对较小。胸廓处于自然位置时的肺容量，相当于肺总量的67%左右，此时胸廓毫无变化，不表现有弹性回缩力。肺容量小于总量的67%，胸廓被牵引向内而缩小，胸廓的弹性回缩力向外，是吸气的动力，呼气的弹性阻力；肺容量大于肺总量的67%时，胸廓被牵引向外而扩大，其弹性回缩力向内，成为吸气的弹性阻力，呼气的动力。所以胸廓的弹性回缩力既可能是吸气的弹性阻力，也可能是吸气的动力，视胸廓的位置而定，这与肺的不同，肺的弹性回缩力总是吸气的弹性阻力。

$$\text{胸廓的顺应性}(C_{chw}) = \frac{\text{胸腔容积的变化}(\Delta V)}{\text{跨壁压的变化}(\Delta P)} \tag{2-6}$$

其中，跨壁压为胸膜腔内压与胸壁外大气压之差，正常人胸廓顺应性也是 0.2L/cmH_2O。

因为肺和胸廓的弹性阻力呈串联排列，所以肺和胸廓的总弹性阻力是两者弹性阻力之和，如以顺应性来表示，即

$$\frac{1}{C_L + C_{chw}} = \frac{1}{C_L} + \frac{1}{C_{chw}} = \frac{1}{0.2} + \frac{1}{0.2} \qquad (2-7)$$

所以，总顺应性为 0.1L/cmH_2O。

2. 非弹性阻力

非弹性阻力包括惯性阻力、粘滞阻力和气道阻力。惯性阻力是气流在发动、变速、换向时因气流和组织的惯性所产生的阻止运动的因素。平静呼吸时，呼吸频率低、气流流速慢，惯性阻力小，可忽略不计。粘滞阻力来自呼吸时组织相对位称所发生的摩擦。气道阻力来自气体流经呼吸道时气体分子间和气体分子与气道之间的摩擦，是非弹性阻力的主要成分，约占 80% ~90%。非弹性阻力是气体流动时产生的，并随流速加快而增加，故为动态阻力。

气道阻力(Airway Resistance)可用维持单位时间内气体流量所需压力差来表示：

$$气道阻力 = \frac{推动气体流动的压力(大气压与肺内压之差)}{单位时间内的气体流量} \qquad (2-8)$$

气道阻力受气流流速、气流形式和管径大小影响。流速快，阻力大；流速慢，阻力小。气流形式有层流和湍流，层流阻力小，湍流阻力大。气流太快和管道不规则容易发生湍流。如气管内有粘液、渗出物或肿瘤、异物等时，可用排痰、清除异物、减轻粘膜肿胀等方法减少湍流，降低阻力。气道管径大小是影响气道阻力的另一个重要因素。管径缩小，阻力增大，因为 $R \propto 1/r^4$，其中 R 为阻力，r 为管径大小。

2.2.3 基本肺容积和肺容量

1. 基本肺容积

图 2.2 左侧示肺的 4 种基本容积，它们互不重叠，全部相加等于肺的最大容量。

(1) 潮气量。每次呼吸时吸入或呼出的气量为潮气量(Tidal Volume, TV)。

(2) 余气量或残气量。最大呼气末尚存留于肺中不能再呼出的气量为余气量(Residual Volume, RV)。

(3) 补吸气量或吸气贮备。平静吸气末,再尽力吸气所能吸入的气量为补吸气量(Inspiratory Reserve Volume, IRV)。

(4) 补呼气量或呼气贮备量。平静呼气末,再尽力呼气所能呼出的气量为补呼气量(Espiratory Reserve Volume, ERV)。

2. 肺容量

(1) 深吸气量。从平静呼气末进行最大吸气时所能吸入的气量为深吸气量(Inspiratory Capacity, IC),它也是潮气量和补吸气量之和,是衡量最大通气潜力的一个重要指示。胸廓、胸膜、肺组织和呼吸肌等的病变,可使深吸气量减少而降低最大通气潜力。

(2) 功能余气量。平静呼气末尚存留于肺内的气量为功能余气量(Functional Residual Capacity, FRC),是余气量和补呼气量之和。

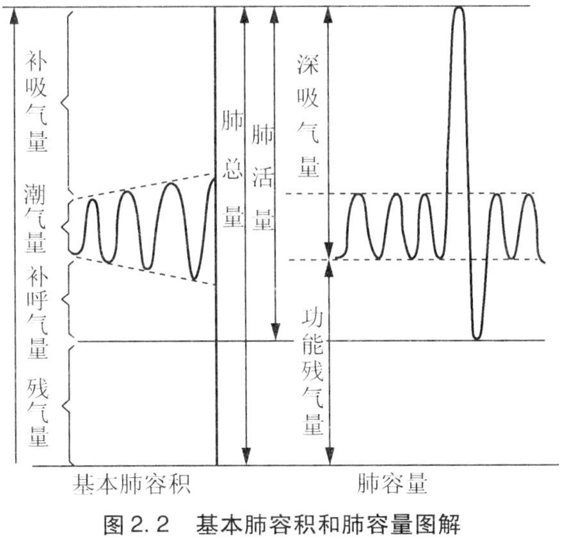

图 2.2 基本肺容积和肺容量图解

(3) 肺活量和时间肺活量。最大吸气后,从肺内所能呼出的最大气量称为肺活量(Vital Capacity, VC),是潮气量、补吸气量和补呼气量之和。

2.2.4 肺通气量

1. 分钟通气量

分钟通气量(Minute Ventilation Volume, MVV)是指每分钟进或出肺的气体总量，等于呼吸频率乘潮气量。平静呼吸时，正常成年人呼吸频率每分12~18次，潮气量500ml，则每分通气量6~9L。

2. 无效腔和肺泡通气量

每次吸入的气体，一部分将留在从上呼吸道至呼吸性细支气管以前的呼吸道内，这部分气体均不参与肺泡与血液之间的气体交换，故称为解剖无效腔(Anatomical Dead Space)，其容积约为150ml。进入肺泡内的气体，也可因血流在肺内分布不均而未能都与血液进入气体交换。未能发生气体交换的这一部分肺泡容量称为肺泡无效腔。肺泡无效腔与解剖无效腔一起合称生理无效腔(Physiollgical Dead Space)。

2.3 腹部托压机械通气方法

呼吸由吸气和呼气两个过程组成。通常吸气是个主动过程(降低横隔和扩胸)，而呼气是个被动过程(横隔和胸廓的自动复位)。同时，呼吸又包括胸式呼吸和腹式呼吸，平静呼吸是以腹式呼吸为主，据估计，因膈肌收缩而增加的胸腔容积相当于总通气量的4/5。

平时吸气时膈肌仅下移1~2cm，深吸气时可下移7~10cm，由于胸廓上小下大，膈肌稍稍下移则可使胸廓容积大大增加。当人体由平卧变成直立或俯卧悬空腹时，因胸、腹腔内脏受重力和惯性力作用使横隔下移、肺脏吸张；反之，横隔和腹腔内脏复位上移，而使肺脏压缩。

2.3.1 腹部托压机械通气方法原理

腹部托压机械通气方法[46]原理如图2.3所示，患者俯卧在腹下部具有可与呼吸同步脱离、复位的活动板块的斜床上，吸气时板块脱离床体令患者腹部悬垂，内脏受重力作用下垂形成腹内负压，拉动横膈下移、肺脏吸张；呼气时活动板块上移复位，从腹外向上托压患者腹部使横膈复位上移，挤压肺脏呼出残气。

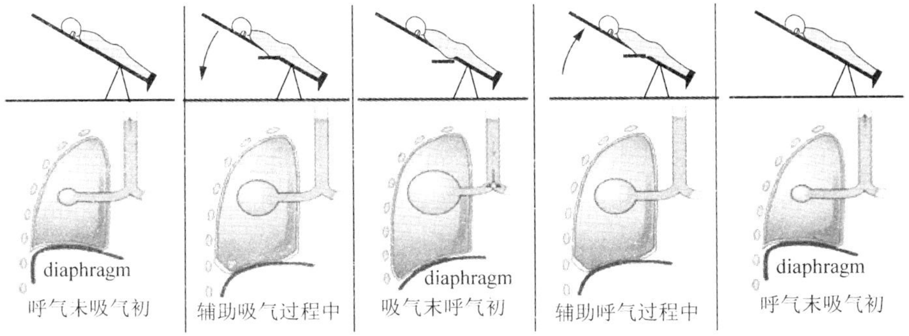

图2.3　腹部托压机械通气方法原理

2.3.2　实验结果

1. 对象与方法

1）对象

呼吸功能正常、无肺脏及心脏疾患，年龄21～26岁的7名青年志愿被试者。

2）方法

（1）静态呼吸参数的测量。受试者先仰卧在一张可以以臀部为轴变换角度的床板上，用日本产 Spiro Analiyzer ST-200 型肺量计测安静时身体纵轴与地平面呈15°、30°、45°和90°的呼吸参数，包括：肺活量、补呼气容积、补吸气容积和潮气量。

（2）与呼吸同步变换体位（以下简称“同步变位”）时呼吸参数的测量。令受试者稍事休息后，在吸气的同时，由实验者将床头抬高（足侧降低），使床板与地平面呈某角度；呼气的同时又将床板放平，如此反复进行，同时测量动态呼吸参数（图2.4的同步变位）。

（3）斜俯卧位时与呼气时相同步托压悬空的腹部（以下简称“同步变压”）时的动态呼吸参数的测量。令受试者俯卧在特制倾斜一定角度的床板上，该床板腹部下面的一段是活动托板，它在吸气时相放下、脱离腹部，使腹部悬空；呼气时相活动托板向上复位、托挤腹部（图2.4的同步变压）。同时测量动态呼吸参数（图2.4的同步变压）。

(4) 联合动作的呼吸参数测量。对俯卧受试者同时施以同步变位和同步变压(以下简称“同步变位、压”),同时测量动态呼吸参数(图2.4的同步变位、压)。

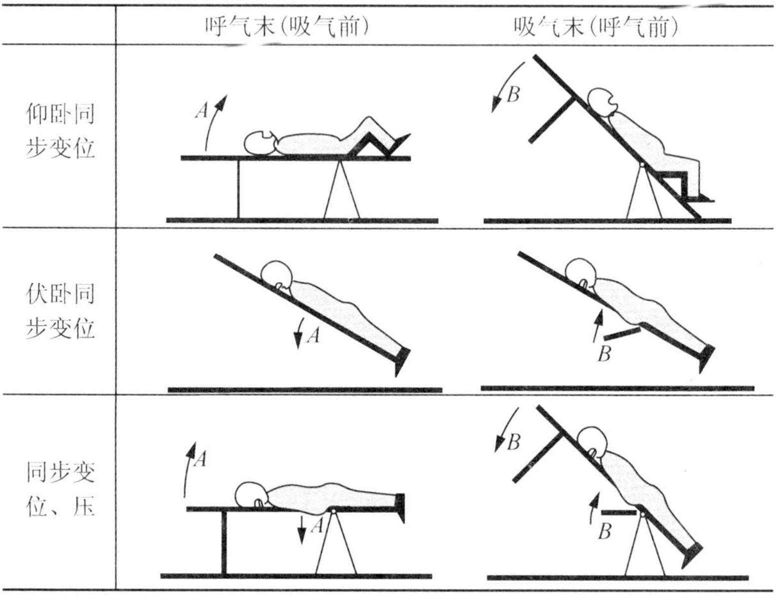

图2.4　0~45°同步变位、同步变压和同步变位、压示意图(*A*-吸气开始,*B*-呼气开始)

2. 结果

1) 不同倾斜体位对静态呼吸参数的影响

受试者在各种姿态下测得的静态呼吸参数列于表2-1。可以看出,受试者在不同体位时测得的呼吸参数的变化主要表现在*ERV*和*IRV*上,而*VC*和*TV*则变化不大。这是因为床体与地平面夹角越大,横膈和腹腔脏器所受重力的足向分力越大,呼气末和吸气末横膈的位置越偏向足侧,而呼气末横膈的位置越偏向足侧*ERV*越大;吸气末横膈的位置越偏向足侧*IRV*越小。根据*VC*的生理学意义,各指标间的关系为$TV = VC - ERV - IRV$,若能在一次呼吸的过程中同时使*ERV*和*IRV*减小,则必能使*TV*增加。

表2-1　某受试者不同体位静态呼吸参数平均值(n=10, L)

呼吸参数	平仰卧位	45°仰卧位	悬空腹平卧位	直坐位	45°悬空腹俯卧
肺活量	3.75	3.88 *	3.62	3.99 *	3.93 *
补呼吸容积	0.39	0.98 **	1.12 **	1.39 **	1.99 **
补吸气容积	2.7	2.23 **	1.81 **	1.97 **	1.09 **
潮气量	0.65	0.67	0.68	0.62	0.85 *

注：各体位参数均值与平仰卧位间差别的T-检验结果 * $p<0.05$； ** $p<0.01$。

从表2-1数据的统计结果可以看出，除了仰卧位自左而右随着受试者体轴与地平面夹角的加大，补呼气容积值变大、补吸气容积值变小之外，悬空腹平俯卧介于45°仰卧位与直坐位之间，说明它对横膈向下的拉动作用大于45°仰卧位、小于直坐位。45°悬空腹俯卧位对横膈向下的拉动作用则大于直坐位。

2）同步变压对潮气量的影响

令受试者俯卧在同步变压的实验床体上，分别测得床体与地平面呈不同角度时同步变压的呼吸参数，各角度的 *TV* 均值列于表2-2。由表2-2可见 *TV* 值较静态显著变大，为平卧时的1.7~2.3倍。其中以15°和30° *TV* 值较大，但在15°~30°之间与角度大小似无明显比例关系。

表2-2　不同角度俯卧“同步变压”对潮气量的影响(n=7, L)

	俯卧角度				
	10°	15°	20°	25°	30°
潮气量(L)	1.15	1.5	1.2	1.17	1.44
B	1.7	2.3	1.8	1.8	2.2

注：*B* 表示所测 *TV* 值是静态平俯卧位 *TV* 均值(0.66L)的倍数。

3）同步变位、压对潮气量的影响

不同角度的同步变位、压实验，可使潮气量得到进一步增加，且随变位角度的增大，潮气量增加的幅度变大。变位角度为15°时的潮气量高达平卧位时的2.26倍，45°时则高达3.15倍(见表2-3)。

表 2-3 不同角度的同步变位、压对潮气量的影响($n=7$, L)

	平卧	体位变换角度		
		15°	30°	45°
潮气量(L)	0.68	1.54	1.88	2.14
B		2.26	2.76	3.15

注：① 经 F-检验三个角度的 *TV* 均值差别非常显著，$P<0.01$；

② B 表示所测 *TV* 值是静态平俯卧位 *TV* 值(0.68L)的倍数。

不同角度的同步变位、压可使潮气量明显地高于仰卧同步变位。比较 15°、30°和 45°三个角度时同步变位、压与仰卧同步变位两种方法的潮气量(见表 2-4)可知前者的潮气量都是后者的 1.4 倍，似与角度无关。

表 2-4 俯卧同步变位、压与仰卧同步变位潮气量的比较($n=7$, L)

	体位变换角度		
	15°	30°	45°
俯卧同步变位、压	1.54 *	1.88 **	2.14 **
俯卧同步变位	1.06	1.30	1.51
俯卧/仰卧	1.45	1.45	1.42

注：同一角度两种方法潮气量均值间差别的 T-检验结果 * $P<0.05$；** $P\leq 0.01$。

3. 讨论

(1) 斜俯卧同步变压可明显地增加呼吸的潮气量。实验证明在呼气时相对斜俯卧悬空腹向上托压，可明显地增加呼吸的潮气量，其增幅高达正常潮气量的 1 倍以上。这是因为吸气后，腹部的活动托板下降脱离床体使腹部悬空，腹内脏器受重力作用而自然下垂，拉动横膈下移，使肺脏进一步吸张；反之，呼气后活动托板复位，由下向上托压腹部，升高的腹压把横膈推向头测，压排出肺内残留气体。一个呼吸过程相当于进行了一次腹式深呼吸。

(2) 用同步变位、压方法可使潮气量增至原有的 3 倍以上。这是因为受试者同时受到变位和变压两种方法的作用，膈肌和腹腔脏器同时受重力和惯性力的合力作用，移动幅度变大，而膈肌下移幅度稍稍变大则可使胸廓容积大大增加拉动肺脏吸张。同时，变换角度增大时膈肌下移幅度也变大，此时增加的潮气量也就更大。

(3) 提出了一个增加肺通气量的新方法。由于斜俯卧同步变压对呼吸的影响相当于腹式深呼吸的生理过程，它同仰卧同步变位法一样都可使潮气量成倍增加。因此，即使对于停止呼吸的患者，单凭同步变压所产生的潮气量也可保证患者不缺氧，为呼吸衰竭的救治又提供了一个新的方法。

2.4 体位变换机械通气方法

2.4.1 体位变换机械通气方法原理

体位变换机械通气方法[47]原理如图2.5所示，患者躺在一张可以与呼吸同步变换床体角度的床板上，吸气时令床体头侧抬高一定角度，横膈内脏受重力和惯性力下移，拉动肺脏吸张；呼气时躯干恢复平卧位，横膈内脏复位上移压缩肺脏呼出残气。

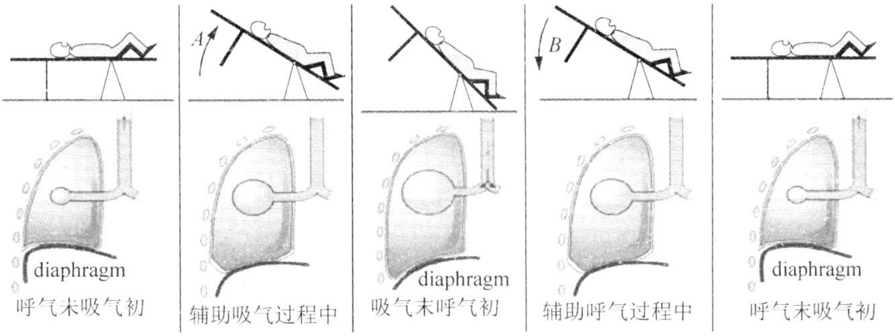

图2.5 体位变换机械通气方法原理

2.4.2 实验结果

1. 对象与方法

1) 对象

呼吸功能正常、无肺脏及心脏疾患，年龄在21～26岁的7名青年志愿被试者。

2) 测量仪器和方法

受试者躺在一张可以以臀部为轴变换角度的实验床板上，先用日本产

Spiro Analiyzer ST-200 型肺量计测安静时各种体位(身体纵轴与地平面呈15°、30°、45°和90°)的呼吸参数，包括：肺活量、补呼气容积、补吸气容积和潮气量。然后再用与呼吸同步变换体位的方法进行动态测量。

与呼吸同步变换体位的测量方法是：令受试者仰卧在实验床板上，稍事休息后在吸气的同时，由实验者将床头抬高(足侧降低)，使床板与地平面呈不同角度；呼气的同时又将床板放平，如此反复进行，同时测量动态呼吸参数。

2. 结果

(1) 不同体位对静态呼吸参数的影响。受试者在直坐位、45°卧位及平卧位安静不动时测得的呼吸参数的平均值列于表2-5。经对10次所测有效值平均数的F测验结果可以看出，受试者在身体处于不同斜位时测得的呼吸参数的变化主要表现在 *ERV* 和 *IRV* 上，而 *VC* 和 *TV* 变化不大。这是由于随着床头的抬高，横膈随腹部内脏受重力作用而下移，使 *ERV* 变大、*IRV* 变小。根据 *VC* 的生理意义，各指标间的关系为 $TV = CV - ERV - IRV$，由此推断，若能在一次呼吸中同时使 *ERV* 和 *IRV* 减小，则必能使 *TV* 增加。

表2-5　某受试者不同体位静态呼吸参数的10次测量平均值(L)

呼吸参数	平仰卧位	45°仰卧位	直坐位
肺活量	3.75	3.88 *	3.99 *
补呼吸容积	0.39	0.98 **	1.39 **
补吸气容积	2.7	2.23 **	1.97 **
潮气量	0.65	0.67	0.62

注：与平卧位比较，* $p<0.05$；** $p<0.01$。

(2) 与呼吸同步变换体位对呼吸参数的影响。对7位受试者进行不同倾斜度的与呼吸同步变换体位的实验，测得的TV平均值列于表2-6。由此可以证明，15°~45°倾斜度的与呼吸同步变换体位的潮气量均非常显著的大于平卧位，且随着倾斜度的增大，潮气量的增值也越大。

表2-6　不同斜度的与呼吸同步变换体位对潮气量(n=7，L)的影响

	平卧	与呼吸同步变换体位		
		15°变换	30°变换	45°变换
潮气量	0.70	1.06 **	1.30 **	1.51 **
B		1.51	1.86	2.16

注：与平卧位比较，** $p<0.01$。

3. 讨论

与呼吸同步变换体位可明显地增加 *TV*，15°~45°倾斜度的与呼吸同步变换体位的潮气量增幅可高出安静值的0.5~1.16倍。这是因为当实验者将床头抬高(足侧降低)，使床板与地平面呈一定角度时，由于膈肌和腹腔脏器受重力作用下移，而膈肌稍稍下移则可使胸廓容积大大增加拉动肺脏吸张。当变换角度增大时膈肌下移幅度变大，因此增加的潮气量也就更大。

2.5　本章小结

本章首先介绍了肺通气原理，包括与机械通气相关的肺通气动力、肺通气阻力、基本肺容积和肺容量以及肺通气量等相关问题。重点分析了新型同步变压位机械通气方法，详细阐述了腹部托压、体位变换机械通气方法的原理和前期实验结果，并给予了充分的讨论。本章为本书后续内容介绍了必备的准备知识。

第3章　医学数学模型研究方法

进入20世纪以来，随着计算技术的飞速发展，数学以空前的广度和深度向各个领域渗透，数学模型及建模也得到了人们越来越多的关注。

3.1　数学模型及建模

3.1.1　数学模型的概念

概括而言，数学模型是数学理论与实际问题相结合的一门科学。它将现实问题归结为相应的数学问题，从定性或者定量的角度来描述实际问题，并在此基础上利用数学的概念、方法和理论对其进行深入的分析和研究，为解决现实问题提供精确的数据或可靠的指导。

简单地说，数学模型就是对实际问题的一种数学表述，即用数学表达(如函数、图形、方程等)来描述(表述、模拟)所研究的客观对象或系统在某一方面(某种特征)的存在或变化规律。

针对实际问题建立数学模型的过程称为数学建模(Modeling)。由于实际问题的复杂性，通常在建模过程中必须进行一些必要的简化和假设，并通过将问题抽象化、引进变量表示等处理过程，将实际问题用数学方式表达，然后运用先进的数学方法及计算机技术对得到的表达进行求解或模拟。

通过建立数学模型的方法研究客观世界是人类认识自然的一个基本方法。利用所建立的模型，可以在一定程度上解释特定现象目前的状态及表现，预测对象的未来发展及变化，提供处理对象的优化决策和控制，设计满足某种需要的产品等。当然，上述应用的准确程度完全依赖于所建数学模型对该问题描述的准确性。可以说，要想用数学方法解决实际中的问题，就必须建立数学模型。从这个意义上讲，数学建模和数学具有同样古老的发展及应用历史。两千多年以前创立的欧几里得几何，17世纪发现的牛顿万有引力定律，1953年建立的DNA超螺旋结构分子模型等，都是科学发展史上数学建模的成功范例。

数学的定量化表达特性使得它特别适于阐述各种现象或问题的机制及本质。随着不同领域包括对定量化需求的日益增强，以及计算机技术及设备的快速发展及应用，除工程技术领域外，数学模型在其他领域也越来越受到人们的重视，建模成为科学研究不可缺少的工具。

随着数学思维及方法不断向医学领域的渗透，数学建模在医学及其实验中的地位也越来越重要。

下面就以一个简单的例子，说明在医学实验的分析中如何应用数学模型。

【例 3－1】对 30～80 岁妇女正常收缩压 Y(mmHg)与年龄 X(岁)的统计结果如表 3－1 所示。希望通过分析该结果，得到该年龄段妇女正常收缩压与年龄的关系。

表 3－1　30～80 岁正常妇女正常收缩压与年龄的分布

年龄 X(years)	30	40	50	60	70	80
收缩压 Y(mmHg)	106	120	135	150	162	176

求解：通过建立简单的数学模型，可以得到上述关系的直接数学表达式。从统计数据的分布(如图 3.1 散点所示)可以看出两者间的关系近似线性分布。若假设其为线性分布，则可利用最小二乘法得到一条回归直线，描述该年龄段妇女正常收缩压与年龄间的关系，如图 3.1 直线所示。得到的直线方程为：$Y = 1.40X + 64.34$，利用该直线，我们可以计算出该年龄段任意年龄对应的正常收缩压值。

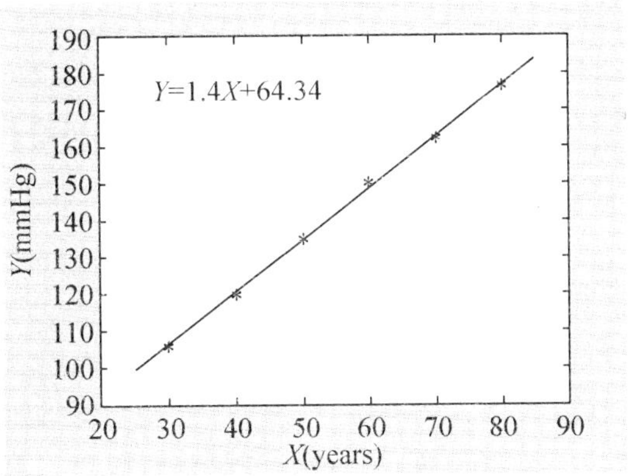

图 3.1　30～80 岁妇女年龄－收缩压分布及其线性回归

3.1.2 数学模型的类型及特点

由于数学模型在各领域应用的广泛性，涉及的模型种类是多种多样的。如果按照研究对象的实际应用领域分，包括人口模型、交通模型、环境模型、生理模型、经济模型、社会模型等。如果按研究方法和对象的数学特征来分，可分为初等模型、几何模型、优化模型、微分方程模型、稳定性模型、统计模型等，【例 3－1】就属于初等的统计模型。另外，根据研究对象的规模及模型的表现特性，模型还可分为近似和有限、微观和宏观、描述和说明、离散(discrete)和连续(continuous)、时变(time-variant)和时不变(time-invariant)、静态(static)和动态(dynamic)、集中(lumped)和分布(distributed)、线性(linear)和非线性(nonlinear)、确定(deterministic)和随机(stochastic)模型等。实际中，这些类型常结合出现，如非线性时变系统，静态时不变离散系统等。在生物医学研究中，常根据研究对象的领域和所采用的建模方法对得到的模型进行分类及命名，如血流动力学模型、生物种群生长模型、人口预测模型等。

从前面的介绍及实例可以看出，模型来源于对实际对象的数学化或对实验数据的分析，因此，利用模型计算出的结果应该和系统中或实验中获得的数据或知识相一致。同时，模型还应该具有一定的预测性(prediction)，能够准确地预测未来或其他条件下实验结果会出现什么变化。最重要的是，建立的模型应有助于加深我们对生理系统或其机制的理解，如3.3.2节中介绍的药物动力学模型，其结果对于加深我们对药物在体内的运转规律、药物的疗效等的了解，非常有帮助。

此外，由于建立的数学模型是将实际对象抽象化、理想化的产物，如果不同研究对象的变化规律相同，模型可以转移到其他的领域应用，不为对象的所属领域独有。特别需要注意的是，由于模型只是在一定程度上反映了研究对象某一方面的特征，因此通过模型得到的结论，共通用性和精确性只是相对的、近似的，是有局限性的。正如一句被广为引用的话所说，“所有的模型都是错误的，只有一些模型是有用的。”对于生物系统来说，由于其本身的复杂性，存在着很多不可控制的变量影响着数据的产生过程；加上实验中有限的个体及其有限的观察值，建模只能做到对系统相对的近似和简化，不可能得到绝对准确的模型和任意精度的参数。

3.2 数学建模的方法及步骤

3.2.1 数学建模的方法

数学建模面临的实际问题是多种多样的，建模的目的不同、分析的方法不同、采用的数学工具不同，所得模型及类型也不同。虽然没有一个适用于一切实际问题的建模准则，但一般说来建立数学模型的方法大体上可分为以下两大类。

1. 机制分析方法

在对研究对象的内部机制有一定了解时使用。根据对研究对象特性的认识，分析影响系统性能的各因素间的关系，找出反映内部机制的规律。该方法建立的模型通常具有明确的物理或现实意义。

2. 测试分析方法

在对研究对象内部机制知道得很少或者一无所知时使用。该方法将研究对象视为一个“黑箱”系统(在系统分析中，若对系统内部一无所知，称其为“黑箱”；全部知道，称为“白箱”；介于两者之间，则称为“灰箱”)，通过测量系统的多个输入/输出数据，并以获得的数据为基础，利用信号/统计分析方法，按照确定好的统计准则，在对应的一类模型中选出一个与数据拟合得最好的模型。这种方法通常又称为系统辨识(System Identification)。

将这两种方法结合起来，即用机制分析建立模型的结构，用系统辨识确定模型的参数，也是常用的建模方法。在实际过程中具体采用哪种方法建模，主要是根据我们对研究对象的了解程度和建模目的来决定。如果掌握了机制方面的一定知识，模型也要求具有反映内部特性的物理意义，则应以机制分析方法为主；而模型中参数的具体值，可以用系统辨识或其他统计方法得到。如果对对象的内部机制基本不了解，且模型仅用于进行输出的分析及预测，则可以系统辨识方法为主。

3.2.2 数学建模的一般步骤

一般说来，建立数学模型要经过哪些步骤并没有一定的模式，通常与实际问题的性质和建模的目的有关。好的模型应能反映原型的重要特征，特别是人们关注的那部分特征。由于在医学相关的建模中，人们总是希望能够把目前已了解的医学相关知识及机制与建模的过程相结合，得到更准确的数学模型，因此，机制分析方法更为常用。下面给出了机制分析法建模的主要步骤。

（1）问题表述。首先要了解问题的实际背景，明确建模目的。这一步是建模基础，需要对问题涉及的生理、机制或临床知识进行总结，如疾病的表现、危害、调节机制、致病机制、常用的诊断方法等，梳理研究对象的特征及影响因素，提出需要解决的问题及其数学表述。在这一步中，最重要的是要根据问题设计实验规程，确定需要测量或收集的变量，进行实验并收集数据。

（2）模型构建。根据对象的特征和建模目的，对实际问题进行必要的、合理的简化，并在合理假设的基础上，建立模型的结构及参数。这是建模至关重要的一步，适当的假设及简化是其关键，如果考虑影响问题的所有因素，可能会使模型过于复杂且很难求解。为了简化处理过程，在这一步应尽量使问题简单化、线性化，并在保持反映问题本质的基础上，尽量采取简单的数学工具。对于医学实验建模，这一步主要包括两个方面：对数据的预处理，如观察、整理、格式化数据等，为建模做准备；用适当的公式表达模型，即建立模型。

（3）模型求解。模型建立后，还需要确定参数对模型求解。简单的模型可以通过解方程、定理证明、逻辑运算等数学方法得到解的直接表达式，如例 7 -1 中的直线方程。但很多模型可能很难直接得出解的表达式，需要通过进一步的近似、简化，才能得到问题的直接求解；或者必须借助计算机的计算能力和数值计算方法，逐步迭代求出模型的解或分布。合理利用常用的处理软件如 MATLAB、Mathematics、Lingo、SAS 等提供的算法和函数，可以解决模型求解中的大部分问题。

（4）模型分析及检验。对模型的输出进行数学上的分析及检验，将模型输出结果与实测数据或实际情况进行对比分析、误差分析、数据稳定性分析等，检测所得结果的实际意义，验证建立的数学模型的准确性。如果结果不够理想，应该修改、补充假设，或者调整模型结构及参数，重新回到第二步建模。医学中的大部分模型都需要反复调整及检验，才能不断完善。由于没有模型是普适的、放之四海而皆准的，因此在这一步中，还需要根据实验数据及模型输出结果，通过线性回归等手段，对模型及参数的有效性进行检测评价，包括其准确性、精密度、稳健性(Robustness)等，以及模型对各参数的灵敏度分析，以确定所建模型的适用范围。

(5) 模型应用。建立模型的目的是应用，好的模型需要在实际中应用，并在应用中不断改进和完善。建立模型后，模型的很多应用可通过模拟(Simulation)实验来实现，即在确定模型及参数后，向模型送入不同的输入，得到输出以反映“如果输入变化时将会发生什么?”用于预测对象的未来发展及变化，并为研究对象的优化决策和控制提供指导。图3.2给出了建模各步骤间以及研究对象间的相互关系。

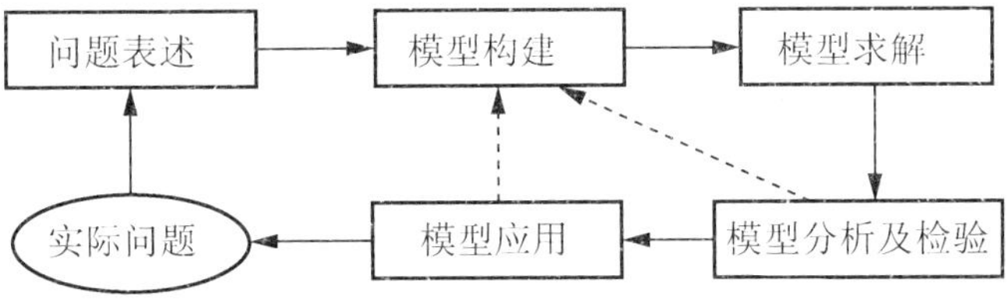

图3.2　数学建模的一般步骤

需要指出的是，并不是所有建模过程都要经过上述步骤，实际应用中各步骤间的界限也并非如此分明，其中问题的表述、模型的构建、检验及评估是最主要的步骤。在医学特别是医学实验研究中，从实验发现规律，再用数学探讨模型，从而把对人体或动物实验的研究转化为数学模型的模拟分析，是医学建模的基本特征。在医学实验中数学建模一般可简化为以下模式：医学实际问题→数学化(定量测量及分析)→数学模型(定量化公式或定性指标)→反馈修正(实测数据检验)→定性理论(对问题及其机制的解释)。

3.3　医学中的数学模型

3.3.1　医学数学化的发展历史

数学应用于生命科学研究的历史可追溯到17世纪。1615年，英国医生哈维(Farvey W)在研究心脏时应用流体力学知识和逻辑推理方法推断出血流循环系统的存在，18 世纪欧拉利用积分方法计算了血流量问题，这些都是历史上应用数学研究生命科学的突出事例。但是，真正大范围地将数学应用于生命科学与医学研究则出现在 20 世纪中叶。1935 年，Mottram 对小白鼠皮肤癌的生长规律进行了研究，认为肿瘤细胞总数 N 随时间的变化速度与 N 成正比，并获得了瘤体在较短时间内符合指数生长规律的研究成果。1944 年奥地利著名物理学家薛定谔(Schrodinger E)出版了《生命是什么》(What is life)一书，应用量子力学和统计力学知识描述了生命物质的重要特征。在薛定谔的影响下，沃森(Watson JD)和克里克(Crick FHC)利用当时对蛋白质和核酸所做的射线结晶学研究以及其他与 DNA 结构有关的研究，于 1953 年建立了 DNA 超螺旋结构分子模型，验证了薛定谔的设想。在书中，薛定谔还利用非平衡热力学从宏观的角度解释生命现象，认为生命的基本特征是从环境中取得“负熵”，以使生物系统内的熵始终处于低水平。20 多年后，普律高津(Prigogine I)等人提出耗散结构理论，将对生命系统的研究推广到薛定谔预言的领域，为此普律高津于 1977 年荣获了诺贝尔奖。作为医学领域的最高奖项，诺贝尔医学和生理学奖背后的许多数学影像也许更能说明数学在生命科学中的巨大潜力：英国生理学家、生物物理学家 Hodgkin 和 Huxley 建立了神经细胞膜产生动作电位时膜电位变化的模型，揭示了神经电生理的内在机制，因而于 1963 年共享诺贝尔奖；基于二维雷当变换(Radon transform)创建 *CT* 成像理论的美国科学家 Cormack AM 获得了 1979 年的诺贝尔奖，丹麦科学家 Jerne NK 则应用数学原理研究免疫网络理论获得 1984 年的诺贝尔奖。这些奖项有力地表明现代生命科学的研究离不开数学，数学在其中所起的作用和影响越来越重大，高层次的成果往往有赖于合理的数学模型的建立。

数学不仅推动了人们探索生命世界的步伐，事实上两者结合已经产生了多个十分活跃的学科。1901 年 Peanson 创建生物统计学后，概率论与数理统计方法在医学上得到了非常广泛的应用，如目前常用的显著性检验、回归分析、方差分析、最大似然模型、决策树概率分布、微生物检测等，都属于基于统计学原理的数学模型及分析。1931 年，Volterra 在研究食物链的基础上，应用微分方程组研究生物动态平衡，完成了《生态竞争的数学原理》，开创了生物数学(Biomathematics)这一新的分支。近年来，可视人及虚拟人的研究、计算医学(computational medicine/biology)、生物信息学(bioinformatics)、生理组学(Physiome)等新的学科及领域的出现，使数学这一工具在生物医学研究中的作用日益突出。

生物系统是一个动态系统，作为世界上最复杂的系统之一，它具有调节机制复杂、多输入、多输出等特点，而且由于很多变量或参数很难在体测量及控制，仅仅通过实验研究来揭示其间的复杂关系，会非常困难且不易得到一致的结论。建立生物系统的数学模型，有利于获得生物系统的动态与定量变化，帮助阐明生物医学中有关作用机制等基础性问题，同时通过模型及仿真实验不仅可以得到正常状态，还可以获得异常或极端异常状态下的生理变化预测，以及代替一些技术复杂、代价高昂或难以控制和重现的实验，为临床或特定条件下的方案设计提供预测及指导。此外，从伦理学的角度，人们也希望医学研究中能够减少实验动物的数量，减轻临床实验中人体实验对象不必要的痛苦，因此生理系统的仿真与建模在生物医学领域中的研究中日益受到重视。目前，包括呼吸、血压、体温、各种调节系统等，都已建立了相应的数学模型，并进行了相应的模拟实验。针对特定应用的模型，如细胞动力学、药物动力学模型、生物种群生长模型、神经网络、心血管模型、临床计量诊断模型等，也不断呈现并得到应用。在下面的内容中，我们将以应用最为成功的模型之一——药物动力学模型为例，说明医用数学模型的建立过程。

3.3.2 医用模型实例：药物动力学模型

药物动力学(Pharmacokinetics)是定量研究药物在生物体内吸收、分布、排泄和代谢等过程的动态变化规律的一门学科。于1937年由Teorell开创，主要内容是应用动力学原理、体外实验数据以及人体生理学知识，结合数学模型，定量研究药物在体内的运转规律，为药物的筛选提供指导。

众所周知，新药研发过程费用昂贵、时间冗长、淘汰率高，大约有90%的候选药物在临床期间被淘汰，主要原因有口服吸收性差、生物利用度低、半衰期过短等。为提高新药研究效率和安全性、降低药物研发成本，药物动力学模型已为全球各大制药公司应用。传统的新药研发流程中，药物动力学主要应用在药物研发的中后期，近年来，人们开始在药物研发的早期对其药物动力学特性进行模拟研究，以尽早淘汰药物动力学参数不理想的候选药物，提高研发效率、降低成本。例如，药物虚拟筛选(virtual screening)就是指在化合物合成前，先通过计算机模拟预测其药动学相关特性，进行初步筛选。此外，药物动力学模型在研究药物处置及作用机制、治疗药物监测及个体化用药、新药开发等方面也发挥着重要作用。

药物动力学的数学模型包括房室模型、非线性药物动力学模型、生理药物动力学模型、药理药物动力学模型、统计矩模型等。下面以最常用的房室模型，结合前面所述的建模步骤，对药物动力学模型的建模过程进行分析描述。

1. 背景和问题表述

药物进入机体后，在随血液输送到各个器官和组织的过程中，不断地被吸收、消化、代谢，最终被排出体外。药物在血液中的浓度，即单位体积血液中药物的含量，称为血药浓度。血药浓度的大小直接影响到药物的疗效。因此，药物动力学研究的主要对象是血药浓度随时间变化的规律——药时曲线，建模目的是建立能反映药物在体内分布的数学模型及参数，并能反映给药方式、给药时间间隔、给药剂量等对分布的影响。

2. 模型构建

上述问题属于人体与外界以及人体内部的物质交换问题，研究这类问题最常用的是房室模型。药物动力学的房室分析方法将人的机体看成由不同房室构成的系统，每个房室代表药物在其中分布大致均匀的组织或体腔。如血液及供血丰富的肝、心、肾在特定情况下可视为一个房室，而血供不足的组织如肌肉、皮肤等可视为另一个房室。为了进行严格数学描述，常对模型做如下假设。

(1) 房室具有固定容量，且药物在每个房室内的分布是均匀的；

(2) 各房室间可进行物质交换，且至少有一个房室可与外环境进行交换；

(3) 房室间的物质交换或药物转移服从质量守恒定律，即系统中物质总量的改变等于输入总量与输出总量之差；

(4) 线性假设：药物的转移速率与药物浓度成正比。

3.4 本章小结

本章介绍了当前医学数学模型研究情况。首先分别介绍了数学模型的概念和数学模型的类型及特点，接下来对数学建模的方法及步骤展开了较详细描述，最后，在描述医学数学化的发展历史的基础上，以药物动力学模型为例子对医学数学模型的建立进行了详细介绍。

本章的内容将为下一章的展开作铺垫。

第4章　腹部托压机械通气数学模型及仿真研究

腹部托压机械通气方法被提出后，围绕该方法的一系列实验也已经开展。第2章介绍了斜俯卧位时与呼吸时相同步托压悬空腹部所测得的潮气量和以大角度与呼吸同步变换体位时的潮气量相近，均高达静态时的2倍以上，从实验角度上说明了该方法的通气有效性，但是这些结果的说服力还是有限的，要想全面地推广该方法，必须从原理上给出证明，并提出最优控制方案。本章对腹部托压机械通气方法进行了建模仿真研究，利用最小二乘线性回归方法建立了腹压、胸内压和相对肺容量的关系子模型，通过分析肺的粘弹性特性和气道阻力特点分别建立了二阶线性肺动态顺应性子模型和非线性气道阻力子模型，综合3个子模型构建腹部托压通气方法完整数学模型，在此基础上对腹压形式和通气效果进行了仿真研究，得到了腹压因素与通气效果之间的规律，从而提出了初步的最优控制方案。

4.1　腹压机械通气中的数学描述

肺通气是肺与外界环境之间的气体交换过程。实现肺通气的器官包括呼吸道、肺泡、胸廓、膈肌和腹肌等。呼吸道是沟通肺泡与外界的通道；肺泡是肺泡气与血液气进行交换的主要场所；而胸廓、膈肌和腹肌等呼吸肌的节律性呼吸运动则是实现通气的动力。

图4.1为呼吸系统示意图。

其中各参数定义如下：

P_m——口腔压

P_L——肺弹性回缩压

P_{pl}——胸膜腔内压

P_{th}——胸腔回缩压

P_{mus}——胸部肌肉压

P_A——肺泡内压

P_{di}——膈肌压

P_{ab}——腹压

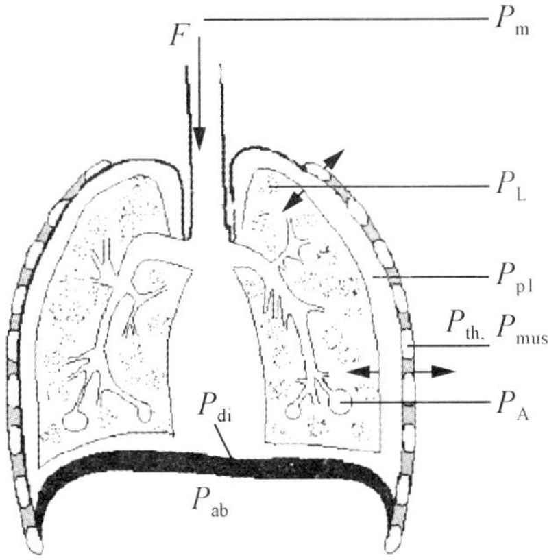

图 4.1 呼吸系统示意图

这些参数之间存在着一定的制约关系：

$$P_{pl} = P_A - P_L \tag{4-1}$$

$$P_{pl} = P_{th} + P_{mus} + P_{di} + P_{ab} \tag{4-2}$$

在非自然呼吸条件下，患者可能是因为呼吸肌功能衰退或丧失，或是外科手术需要全麻影响到呼吸功能，使得自然通气或氧合功能出现障碍，需要运用器械使患者恢复有效通气并改善氧合。此时，胸腔回缩压 P_{th}、胸部肌肉压 P_{mus}、腹压 P_{ab} 和膈肌压 P_{di} 已经不能让胸膜腔内压下降而形成吸气，无法完成呼吸功能，因此将式(4-2)进行相应变换，剔出等式左边与呼吸关系较小的前三项压力，并增加与横膈膜有关的跨膈压，得到如下等式(4-3)：

$$P_{pl} = P_{tdi} + P_{ab} \tag{4-3}$$

其中，P_{tdi} 为跨膈压。

需要特别指出的是，式(4-3)中的腹部压力 P_{ab} 与式(4-2)中的含义有本质上的差别，式(4-3)式中的腹部压力已不是由腹肌产生的压力，而是外部机械托压腹部时产生的压力和悬空腹部时腹部自身重力所产生的压力之和，这是腹压通气的核心所在。为了充分利用腹部自身重力对腹部压力所产生的作用，需要患者治疗时处于俯卧位，同时在非托压时能悬空腹。结合式(4-3)，腹压通气的过程如下，当外部机械作用方式由腹部托压变为悬空腹时，腹部压力 P_{ab} 就会随着腹部悬空程度的增大而减小，使得胸膜腔内压从稍低于大气压值开始迅速下降，形成吸气；当外部机械作用方式由悬空腹变为腹部托压时，腹部压力就会随着托压程序的增强而增大，使得胸膜腔内压上升，同时借助肺的弹性回缩力，将肺泡内气体排出，形成呼气。

由于经典的静态肺容量指标如补吸气量 *IRV* 不能反映肺容量的瞬间动态变化，因此在仿真建模中我们提出了“相对肺容量（Relative Lung Volume，RLV）”的概念，它等于肺通气过程中某一时刻的肺容量与功能余气量之差，反映该时间点的通气容量[48]。

4.2 数学模型建立

4.2.1 腹压、胸内压和相对肺容量的关系模型

当前占主导地位的通气模式为经气道正压通气，因此基于该通气模式的建模仿真研究[49]比较多，但是由于正压通气方式和横膈膜、腹部的关系较小，所以与腹压有关的数学模型研究至今还是一个空白。

膈肌是主要的吸气肌，对呼吸功能的评价可以用膈肌功能来表示，而显示膈肌功能的指标是跨膈压 P_{tdi}，所以对跨膈压与呼吸的关系国内外有一些研究。郑则广等研究发现最大吸气压与最大跨膈压存在较高的线性相关性[50]；Lechtzin 等在进行肌萎缩性硬化患者横膈膜功能监测研究中发现，平卧位状态下患者的用力肺活量与鼻式呼吸最大跨膈压有明显的线性关系[51]。上述研究说明了跨膈压与呼吸参数之间存在一些线性关系，但这些关系都是静态的，是以自然通气状态为条件的，且测试体位不是俯卧位，所以不能直接用到腹部托压通气数学建模上。

为了建立腹压、胸内压和相对肺容量关系的数学模型，作者在广州医学院第一附属医院呼吸生理实验室利用新研制的腹部托压机械通气实验床取得了一系列实验数据，选取其中一组数据的 5 个不同呼吸周期的呼、吸气数据作为分析对象，采用最小二乘线性回归建立起各参数之间的定量关系。吸气和呼气样本容量分别为 400 和 300，图 4.2 ~ 图 4.6 分别为 5 个不同呼吸周期的呼、吸气数据图，图中，实线为跨膈压数据，虚线为相对肺

容量数据，左图为吸气时的数据，右图为呼气时的数据。

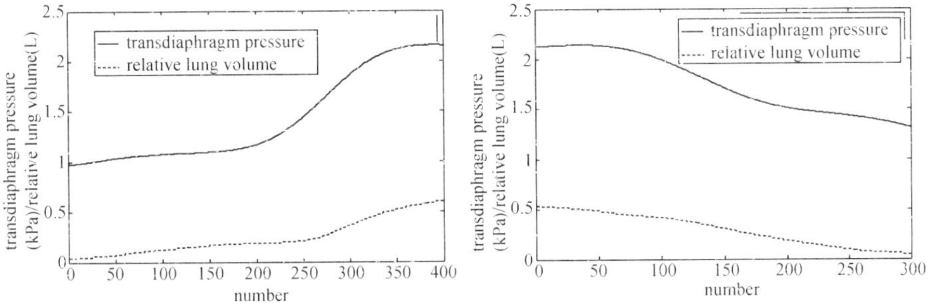

图 4.2　第 1 个呼吸周期的呼、吸气数据

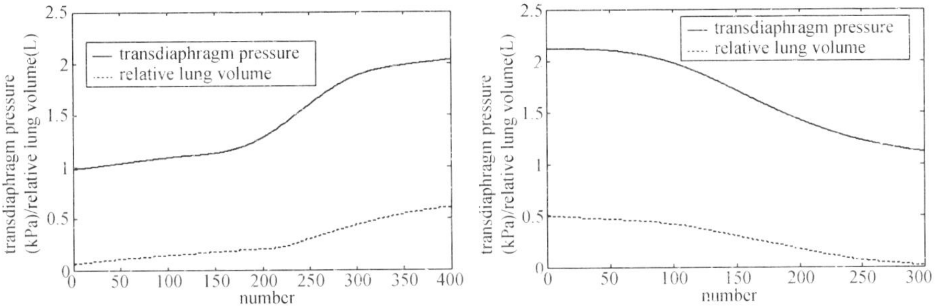

图 4.3　第 2 个呼吸周期的呼、吸气数据

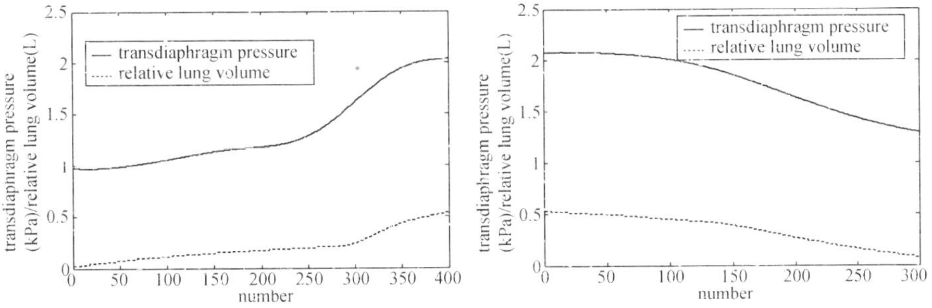

图 4.4　第 3 个呼吸周期的呼、吸气数据

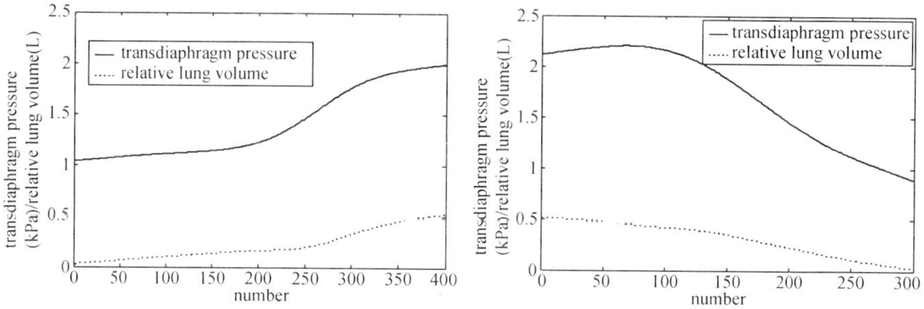

图 4.5　第 4 个呼吸周期的呼、吸气数据

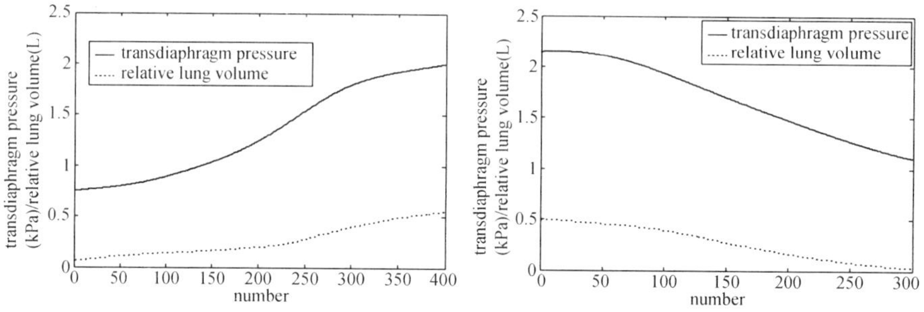

图 4.6　第 5 个呼吸周期的呼、吸气数据

线性回归选择的自变量为由腹压和胸膜腔内压共同产生的差值跨膈压，因变量为相对肺容量。利用 MATLAB 的统计工具箱中提供的 regress( ) 函数[52]来求解回归系数的最小二乘估计，建立回归的线性模型，并选择显著性水平为 0.05(置信度 95%)，通过回归的信度水平(P 值)与显著性水平的比较评价回归方程的回归效果。5 个不同呼、吸周期下的回归系数分析结果如表 4 - 1 所示，P 值均为 0。

表 4 - 1　5 个不同呼、吸周期下的回归系数分析结果

周期	回归系数/L · kPa^{-1}		截距/L	
	呼气	吸气	呼气	吸气
1	0.541	0.382	-0.650	-0.496
2	0.459	0.431	-0.486	-0.439
3	0.532	0.373	-0.603	-0.381
4	0.434	0.423	-0.539	-0.465
5	0.452	0.332	-0.486	-0.374
平均值	0.483	0.388	-0.552	-0.431

两个周期下回归方程的P值均为0，远小于显著性水平0.05，说明方程的回归效果显著。从表4-1可以看出，5个不同周期下回归方程的对应系数基本相近，说明了相对肺容量与胸内压之间的线性关系是全局的，但是从表中也能发现吸气和呼气的回归方程存在着一定的差异，究其原因可能是由于人体在呼、吸过程的不同生理特征造成的，如肺、胸腔和横膈膜的粘弹性等，具体原因还需要进一步研究。为了便于数学模型的建立，忽略这种差异，认为腹部托压通气过程中跨膈压和相对肺容量 V 之间存在一致的线性关系，其数学模型为：

$$V = C_{di}P_{tdi} + V_{di0} \tag{4-4}$$

结合式(4-3)，则有腹压、胸内压和相对肺容量的关系模型为：

$$V = C_{di}(P_{ab} - P_{pl}) + V_{di0} \tag{4-5}$$

式中：C_{di} 为跨膈压与相对肺容量之间的相关系数；V_{di0} 为回归方程的截距，其生理学意义还不明确。对于该组实验数据，C_{di} 和 V_{di0} 分别取呼气和呼气的平均值，即

$$C_{di} = (0.483 + 0.388)/2 = 0.435,\ V_{di0} = (-0.552 - 0.431)/2 = -0.491。$$

4.2.2 二阶线性肺动态顺应性模型

肺是一个弹性组织，弹性组织在外力作用下变形时，有对抗变形和弹性回位的倾向，为弹性阻力。用同等大小的外力作用时，弹性阻力大者，变形程度小；弹性阻力小者，变形程度大。一般用顺应性(Compliance)来度量弹性阻力。顺应性是指在外力作用下弹性组织的可扩张性，容易扩张者顺应性大，弹性阻力小；不易扩张者，顺应性小，弹性阻力大[45]。可见顺应性(C)与弹性阻力(R)成反变关系，顺应性用单位压力变化(ΔP)所引起的容积变化(ΔV)来表示，即 $C = \Delta V/\Delta P$。

肺静态顺应性模型。此时测定是在屏气无气流的情况下进行的，数学模型为

$$V = C_l P_{tl} + V_{tl0} \tag{4-6}$$

式中，P_{tl} 为跨肺压；C_l 为肺顺应性；V_{tl0} 为跨肺压等于0时的肺呼吸量。由于跨肺压与胸腔内压和肺泡内压存在如下关系：

$$P_{tl} = P_A - P_{pl} \tag{4-7}$$

综合式(4-6)、式(4-7)可以得到：

$$V = C_l(P_A - P_{pl}) + V_{tl0} \tag{4-8}$$

肺动态顺应性模型。肺动态顺应可以由如图 4.7 所示的粘弹性阻尼结构[53~55]表示，该阻尼结构是把一个 Maxwell 模型[56~58]和一个弹性元件相并联。这种粘弹性阻尼模型可以近似于一个二阶线性模型，我们用两个一阶系统的并联来替代二阶系统：

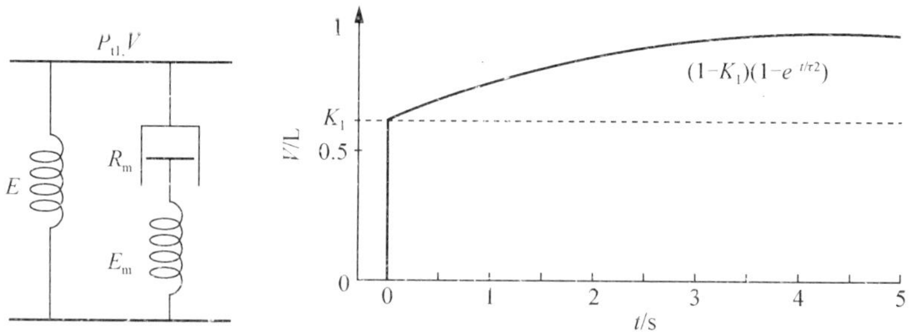

图 4.7　粘弹性阻尼结构

$$
\begin{aligned}
G_{\mathrm{v}} &= \frac{V(s)}{P_{\mathrm{tl}}(s)} = C_1[K_1 G_{\mathrm{V1}}(s) + (1-K_1)G_{\mathrm{V2}}(s)],\ K_1 \in (0,1) \\
G_{\mathrm{V1}}(s) &= \frac{1}{\tau_1 s+1},\ G_{\mathrm{V2}}(s) = \frac{1}{\tau_2 s+1}
\end{aligned} \tag{4-9}
$$

式中：时间常数 τ_1 表示因为肺的弹性而产生的肺容积的快速变化；τ_2 表示因为粘滞性而产生的肺容积缓慢变化，根据图 4.7 可以得到，当 τ_1 趋近于零时，K_1 和 τ_2 分别为：

$$
K_1 = \frac{E}{E+E_{\mathrm{m}}},\ \tau_2 = \frac{R_{\mathrm{m}}(E+E_{\mathrm{m}})}{EE_{\mathrm{m}}} \tag{4-10}
$$

式中：E 和 E_{m} 为弹性系数；R_{m} 为粘滞系数。

4.2.3　非线性气道阻力模型

气道阻力(Airway Resistance) R 可用维持单位时间内气体流量所需压力差来表示为

$$
R = \frac{P_{\mathrm{aw}}}{\dot{V}} = \frac{P_{\mathrm{A}} - P_{\mathrm{m}}}{\dot{V}} \tag{4-11}
$$

其中，R 为气道阻力；P_{aw} 为气道内压；$\dot{V}$ 为气体流速。

研究表明，气道阻力受气流流速、气流形式和管径大小影响。流速快、管径小，阻力大；流速慢、管径大，阻力小。对于内径不变的直管，有：

$$R = \lambda \frac{L}{D}\frac{\rho \dot{V}}{2} \tag{4-12}$$

式中：λ 为直管的摩擦阻力系数；D 为直管内径；ρ 为气体密度。因此，对于内径不变的直管，气道阻力与气流速度成正比[59]。

但是人体呼吸道是一个弹性体，气道的半径其呼吸的过程是不断变化的。在自然呼吸状况下，气道管径受4方面因素的影响：跨壁压、肺实质对气道壁的外向放射状牵引、自主神经系统对气道管壁平滑肌舒缩活动的调节、化学因素的影响，但在机械通气下，后3个因素的影响相对较小，所以气道管径的主要影响因素是跨壁压，而跨壁压和肺容量之间又存在着一定的关系，综合可以认为气道阻力和肺容量之间是反比关系[60]。根据式(4-12)，可得到如下气道阻力模型：

$$R = R_0 + K_V V + K_F |\dot{V}| \tag{4-13}$$

其中，R_0 为呼吸末气道阻力；K_V 为相对肺容量影响因子；K_F 为气体流量影响因子。

4.2.4 腹部托压机械通气完整模型

除了以上3个数学子模型外，还存在一个基本的气道内压力关系模型：

$$P_{aw} = P_A - P_m \tag{4-14}$$

在腹部托压通气过程中，口腔是开放状态的，所以认为口腔压 P_m 等于大气压。

结合式(4-5)、式(4-8)、式(4-9)、式(4-11)、式(4-13)和式(4-14)可以得到如图4.8所示的腹部托压机械通气系统的完整模型。

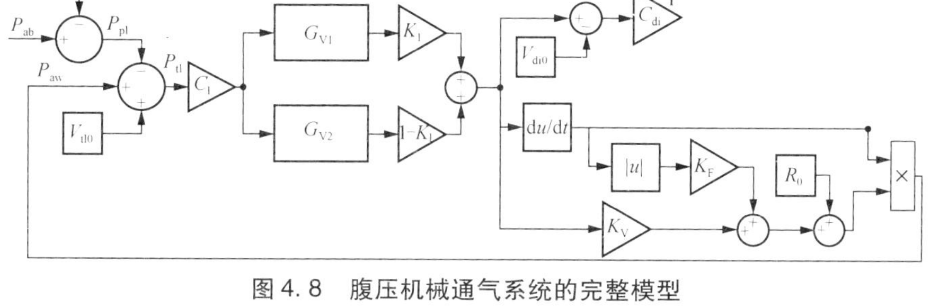

图4.8 腹压机械通气系统的完整模型

4.2.5 腹部托压机械通气完整模型验证

仿真实验基于 Matlab6.5/Simulink 仿真平台，仿真对象为广州医学院某受试者，通过对实验实际气流曲线和仿真曲线进行比较，以检验模型的正确性。根据实验数据确定模型所需参数，见表 4-2。

表 4-2 模型参数表

参数	数值	参数	数值
V_{di0} /L	-0.48	V_{tl0} /L	-0.18
C_1 /L · kPa^{-1}	0.42	K_1	0.75
C_{di} /L · kPa^{-1}	0.43	K_V /kPa · s · L^{-2}	-0.45
K_F /kPa · s^2 · L^{-2}	0.1	R_0 /KPa · s · L^{-1}	-0.3
τ_1/s	0.18	τ_2/s	3.89

以腹压实验数据作为模型输入，得到仿真气流曲线(用“+”表示)如图 4.9 所示，并与实际气流曲线(用“o”表示)比较。

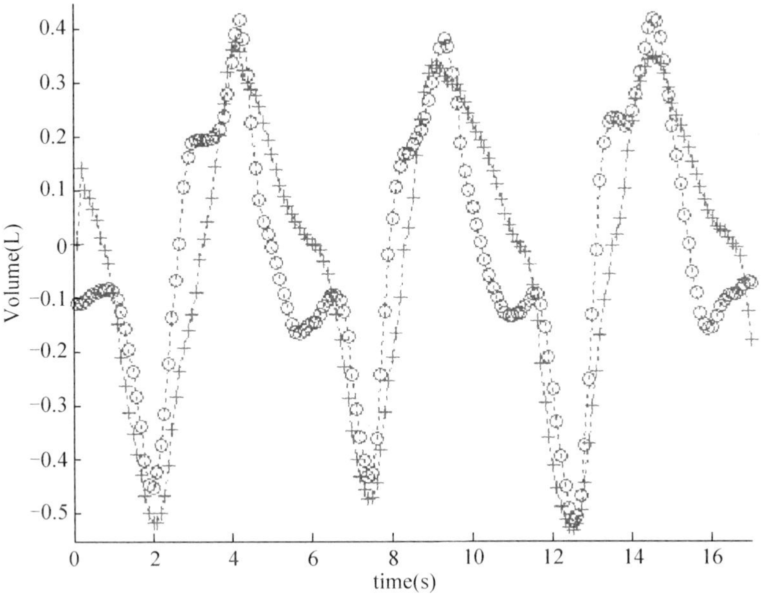

图 4.9 实际气流(-o-)与仿真气流(-+-)数据对照

图中气流为正的部分是呼气过程，为负的部分是吸气过程，可以看出仿真气流和实际气流基本吻合，其中吸气过程的仿真效果优于呼气过程，说明了模型的正确性。对于呼气过程前段的仿真结果与实际气流曲线存在的差异，通过分析认为原因在于腹压机械通气过程受到了两方面因素的影响。一方面，在呼气初期托板对腹部的挤压不仅会增加腹部压力，同时也会对患者身体产生一个向上的托力，这样患者的胸部受到的实验床面的压力必然减小，胸腔容积会在一定范围内增大，因此就会产生实际气流曲线中呼气初气流的短暂平稳过程，而在模型中没有考虑这一点；另一方面的因素是患者的无意识非条件对抗作用的影响。对于呼气过程后段的仿真结果与实际气流曲线存在的差异，特别是实验气流数据在呼气过程出现负值的情况，还需要进一步的研究。

4.3 仿真研究前期准备

4.3.1 仿真输入确定

在讨论仿真输入前，需要介绍一下呼吸时相比这个概念。呼吸时相比是指在一个呼吸周期里呼气时间和吸气时间的比值，呼吸时相比大于1，这是因为只有在吸气肌收缩时，才会发生吸气运动，所以吸气总是主动过程，而呼气运动不是由呼气肌收缩所引起的，而是因膈股长肋间外肌舒张，肺依靠本身的回缩力量而回位，并牵引胸廓缩小，恢复其吸气开始前的位置，属于被动过程，因此呼气时间要大于吸气时间。

根据腹压通气原理，结合正压通气临床经验，认为腹压通气效果与腹压的频率、压力范围和腹压时相比有关，因此定义腹压为如下形式：

$$P_{ab}=\begin{cases}\dfrac{P_{max}-P_{min}}{2}\left(1-\cos\left(\dfrac{\pi}{T_{in}}\left(t-(n-1)(T_{in}+T_{ex})\right)\right)\right), \\ t\in[(n-1)(T_{in}+T_{ex}),nT_{in}+(n-1)T_{ex}) \\ \dfrac{P_{max}-P_{min}}{2}\left(1-\cos\left(\dfrac{\pi}{T_{ex}}\left(t-(n-1)T_{ex}-nT_{in}\right)+\pi\right)\right), \text{其他}\end{cases} \quad (4-15)$$

其中，P_{max}、P_{min} 分别为最大、最小腹部托压压力值；T_{in}、T_{ex} 为单次呼吸过程中吸气时长和呼气时长，则呼吸时相比 T_{ex}/T_{in}，根据实际情况 T_{in}、T_{ex}

取值范围为1.5~5s；t为仿真时间；n为t时刻已经完成的呼吸周期数。

应用式(4-15)所定义的腹压，通过选取不同的P_{max}、P_{min}、T_{in}、T_{ex}可以产生仿真所要求的各种输入形式，如图4.10为$P_{max}=1.1kPa$、$P_{min}=0.7kPa$、$T_{in}=1.5s$、$T_{ex}=2s$时的腹压曲线。

因此仿真模型的输入为腹压最大压力值P_{max}、最小压力值P_{min}、吸气时长T_{in}和呼气时长T_{ex}。

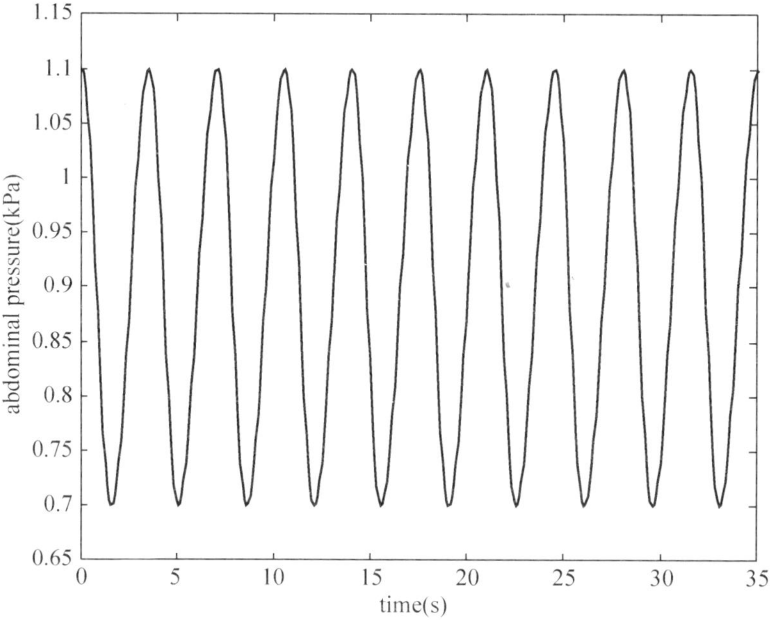

图4.10　$P_{max}=1.1kPa$、$P_{min}=0.7kPa$、$T_{in}=1.5s$、$T_{ex}=2s$时的腹压曲线

4.3.2　评定指标确定

确定了模型输入后，就需要找到模型的输出，也就是机械通气效果的评定指标。一般的机械通气主要用潮气量和分钟通气量来评定通气效果，2.2节给出了潮气量和分钟通气量的概念，潮气量是每次呼吸时吸入或呼出的气量，分钟通气量是每分钟进或出肺的气体总量，等于呼吸频率乘潮气量。从定义可知，潮气量为单次呼气或吸气的通气量，反映了肺胀缩的幅度，潮气量大时说明单次肺气体交换量大，机械通气达到了一定的效果。但是仅仅用潮气量来作为评定标准还是不够的，因为潮气量只是反映

单次肺通气量，如果呼吸周期很长，尽管潮气量很高，但是单位时间的通气量还是会比较小，这表示病患者血液氧交换量不足，达不到通气效果，所以除了选取潮气量作为通气评定标准外，还需要将分钟通气量也纳入评定标准里。这里需要说明的是，评定机械通气效果的指标还有很多，如死腔大小、脉搏血氧饱和度（SpO_2）、氧分压（PaO_2）等[61~63]，但由于各方面原因，前面建立的腹压通气数学模型还没包含这些因素，我们将在下一步的研究中深入讨论这些因素与腹压通气之间的关系模型。

确定了将潮气量和分钟通气量作为评定标准后，但还不能从图4.8所描述的腹压通气模型中直接得到这两个指标值，因此需要进行额外计算。腹压通气完整模型的输出量为相对肺容量，它等于肺通气过程中某一时刻的肺容量与功能余气量之差，反映了该时间点的通气容量，因此可以得到潮气量 TV：

$$TV = V_{max} - V_{min} \tag{4-16}$$

其中，V_{max}、V_{min} 分别为最大、最小相对肺容量。在此需要说明的是，由于在模型计算过程中，腹压通气过程需要一定的调节时间才能稳定，见图4.11，V_{max}、V_{min} 的值是在不断变化中的，因此计算 V_{max}、V_{min} 时只选取最后一段通气过程的相对肺通气量。

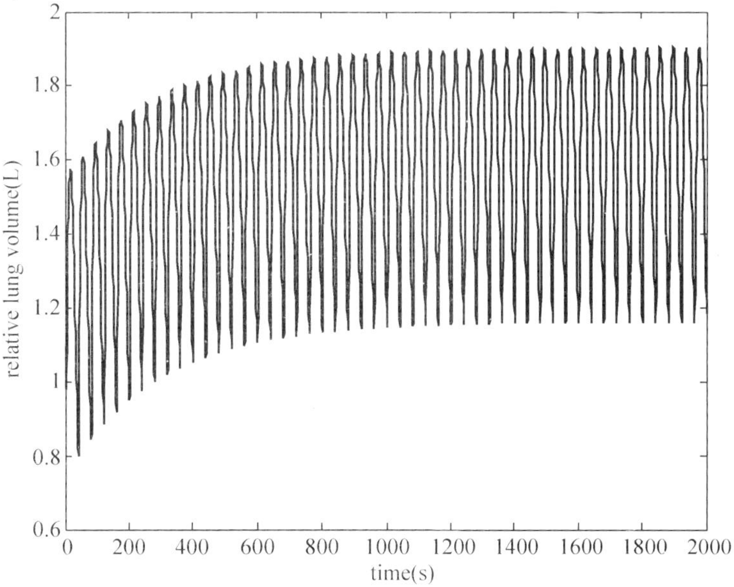

图4.11 模型计算过程中相对肺容量曲线

最后，结合分钟通气量定义和式(4-16)可知，分钟通气量 MVV 为：

$$MVV = TV \cdot \left(\frac{60}{T_{in} + T_{ex}}\right) \tag{4-17}$$

4.3.3 仿真内容

根据腹压通气仿真研究所定义的输入和评定指标，结合腹压机械通气原理，腹部托压机械通气仿真内容应包括如下4个方面：

(1) 腹压频率和压力大小分别与潮气量的关系研究；

(2) 腹压频率和压力大小共同作用与潮气量的关系研究；

(3) 腹压频率和压力大小共同作用与分钟通气量的关系研究；

(4) 腹压时相比与潮气量的关系研究。

仿真在 MATLAB/Simuink 工具中进行。

4.4 仿真结果及分析

4.4.1 腹压频率和压力大小分别与潮气量的关系

在正压控制通气的临床治疗中，呼吸机可以采用容量切换模式进行机械通气，因此潮气量的大小在一定范围内是可以控制的，所以呼吸机的机械通气设置考虑的是通气模式、潮气量的大小、患者自主呼吸能力等因素。而对于腹压机械通气模式，通过托压腹部来调动横膈膜运动，从而辅助呼吸，潮气量的大小与腹压形式有着很大的关系，并且这些关系现在还是未知，而找到这些关系是腹压通气方法研究的重要内容。

1. 腹压频率与潮气量的关系研究

设置最大腹压强度 P_{max} = 1.2kPa，最小腹压强度 P_{min} = 0.7kPa，呼吸时相比为1:1，腹压频率测试范围为［6，20］次/分钟，利用腹压通气数学模型进行仿真，仿真结果见图4.12。

从仿真结果可以看出，在腹压强度一定的条件下，潮气量随着腹压频率的上升而减小。

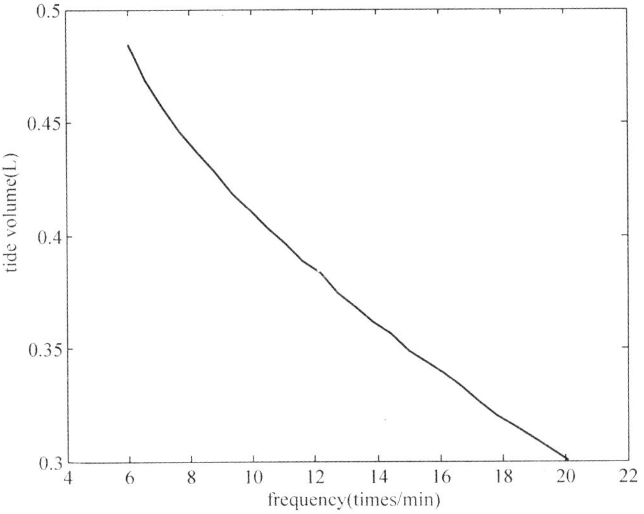

图4.12　腹压强度范围为［0.7，1.2］（kPa）时的腹压频率与潮气量关系

2.腹压强度与潮气量的关系研究

设置腹压频率为15次/分钟，呼吸时相比为1∶1，最小腹压强度 P_{min} = 0.7kPa，最大腹压强度 P_{max} 测试范围为［0.7，1.2］kPa，利用腹部托压通气数学模型进行仿真，仿真结果见图4.13。

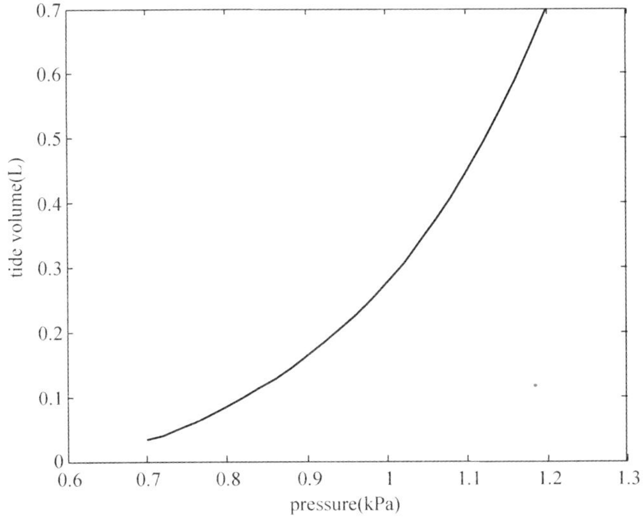

图4.13　腹压频率为15(次/分钟)时的腹压强度与潮气量关系

从仿真结果可以看出，在腹压频率和最小腹压强度一定的条件下，潮气量随着最大腹压强度的上升而增加。

4.4.2 腹压频率和压力大小共同作用与潮气量的关系

4.4.1 节借助腹部托压通气数学模型研究了腹压形式与潮气量之间的关系，初步说明了腹压通气方法中腹压形式与肺胀缩程度之间的关系。接下来研究腹压频率和压力大小共同作用与潮气量的关系，旨在找到最优腹压形式实现最大潮气量。

设置腹压频率测试范围为［6，20］次/分钟，呼吸时相比为1∶1，最小腹压强度 P_{min} =0.7kPa，最大腹压强度 P_{max} 测试范围为［0.7，1.2］kPa，利用数学模型进行仿真，仿真结果见图4.14。

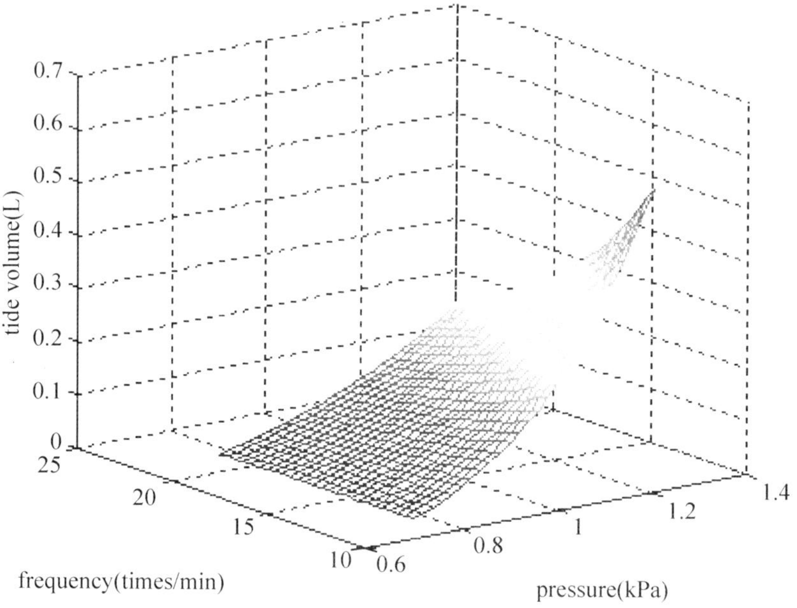

图4.14 呼吸频率和压力大小共同作用与潮气量的关系

从仿真结果可以看出，在最小腹压强度一定的条件下，腹压频率和压力大小共同作用与潮气量的关系有以下几个方面。

(1) 潮气量取得最大值时，最大腹压强度为最大值，腹压频率为最小值。

（2）潮气量取得最小值时，最大腹压强度为最小值，腹压频率为最大值。

（3）最大腹压强度较小时，潮气量大小受腹压频率影响较小，随着最大腹压强度增强，潮气量大小受腹压频率影响变大，并且在腹压强度一定的条件下，潮气量随着腹压频率的上升而减小。

（4）腹压频率较小时，潮气量大小受最大腹压强度影响较大，随着最大腹压频率增强，潮气量大小受最大腹压强度影响变小，并且在腹压频率一定的条件下，潮气量随着最大腹压频率的上升而增加。

4.4.3 腹压频率和压力大小共同作用与分钟通气量的关系

4.4.2 节借助腹压通气数学模型研究了腹压频率和压力大小共同作用与潮气量的关系，进一步说明了腹压通气方法中腹压形式与肺胀缩程度之间的关系。接下来研究腹压频率和压力大小共同作用与分钟通气量的关系，旨在找到最佳腹压形式实现最大单位时间通气效果，实现最优治疗。

设置腹压频率测试范围为［6，20］次/分钟，呼吸时相比为1∶1，最小腹压强度 $P_{min}=0.7$kPa，最大腹压强度 P_{max} 测试范围为［0.7，1.2］kPa，利用腹压通气数学模型进行仿真，仿真结果见图4.15。

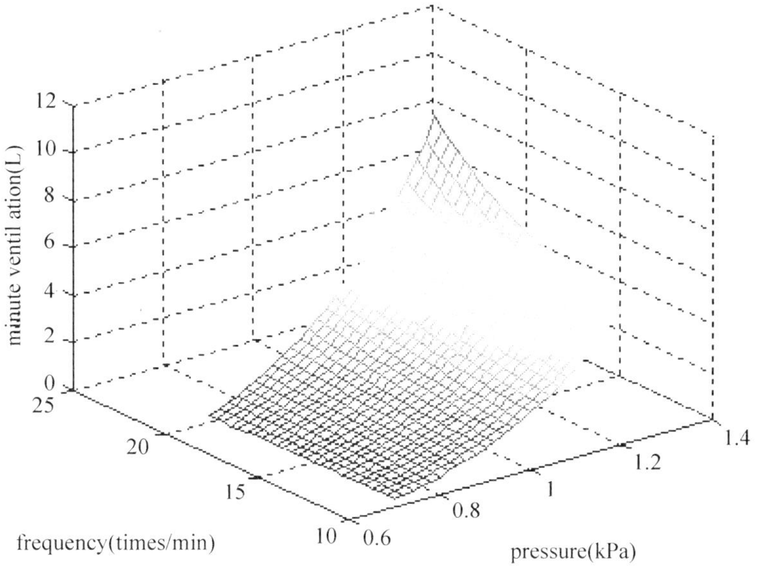

图4.15 呼吸频率和压力大小共同作用与分钟通气量的关系

从仿真结果可以看出，在最小腹压强度一定的条件下，腹压频率和压力大小共同作用与分钟通气量的关系有以下几个方面。

（1）分钟通气量取得最大值时，最大腹压强度和腹压频率都为最大值。

（2）分钟通气量取得最小值时，最大腹压强度和腹压频率都为最小值。

（3）最大腹压强度较小时，分钟通气量大小受腹压频率影响较小，随着最大腹压强度增强，分钟通气量大小受腹压频率影响变大，并且在腹压强度一定的条件下，分钟通气量随着腹压频率的上升而增大。

（4）腹压频率较小时，分钟通气量大小受最大腹压强度影响较小，随着最大腹压频率增强，分钟通气量大小受最大腹压强度影响变大，并且在腹压频率一定的条件下，分钟通气量随着最大腹压频率的上升而增加。

4.4.4 腹压呼吸时相比与潮气量的关系

机械通气时，呼吸机吸呼比的设定应考虑机械通气对患者血流动力学的影响、氧合状态、自主呼吸水平等因素[64]。

（1）存在自主呼吸的病人，呼吸机辅助呼吸时，呼吸机送气应与病人吸气相配合，以保证两者同步。一般吸气需要 0.8 ~1.2s，吸呼比为 1∶2 ~ 1∶1.5。

（2）对于控制通气的患者，一般吸气时间较长、吸呼比较高，可提高平均气道压力，改善氧合。但延长吸气时间，应注意监测患者血流动力学的改变。

（3）吸气时间过长，患者不易耐受，往往需要使用镇静剂，甚至肌松剂。而且，呼气时间过短可导致内源性呼气末正压，加重对循环的干扰。

由上可知，呼吸时相比的设定与机械通气效果、患者生命安全和感受有很大的关系，因此在腹压机械通气研究中，可以借助数学模型，在无须考虑受试者生命安全和感受的情况下进行腹压时相比与潮气量的关系研究。

（1）固定腹压强度下，腹压频率测试范围［6 ~18］次/分钟，呼吸时相比测试值为 1∶1、2∶1、3∶1 和 4∶1，利用腹压通气数学模型进行仿真，仿真结果见图 4.16，每个腹压频率对应 4 个不同呼吸时相比下的通气潮气量。

从仿真结果可以看出，在腹压强度一定的条件下，每个腹压频率所对应的 4 个不同呼吸时相比下的潮气量几乎没有差别，说明潮气量受呼吸时相比的影响较小。

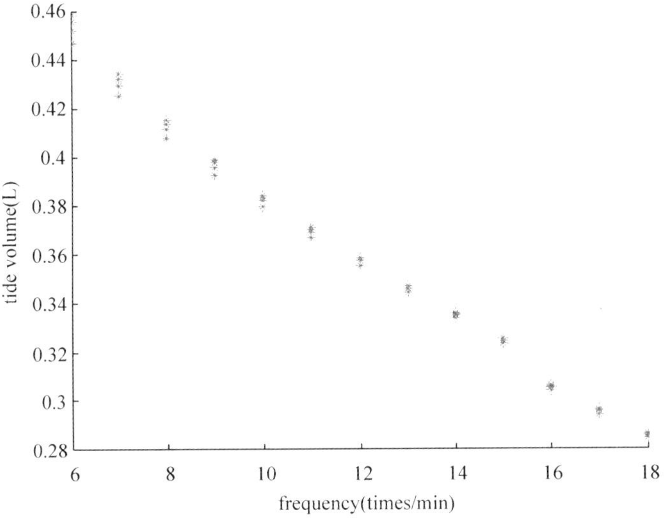

图4.16　呼吸频率和压力大小共同作用与分钟通气量的关系

（2）固定频率下，最大腹压强度测试范围［0.7～1.1］kPa，最小腹压强度为0.7kPa，呼吸时相比测试值为1∶1、2∶1、3∶1和4∶1，利用腹压通气数学模型进行仿真，仿真结果见图4.17，每个最大腹压强度对应4个不同呼吸时相比下的通气潮气量。

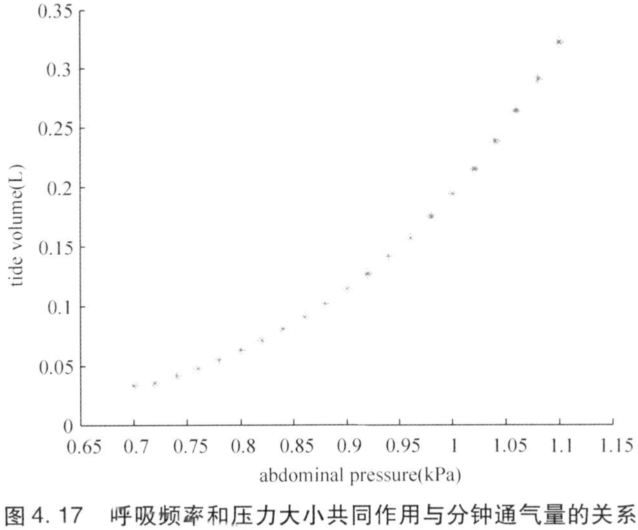

图4.17　呼吸频率和压力大小共同作用与分钟通气量的关系

从仿真结果可以看出，在腹压频率一定的条件下，每个最大腹压强度所对应的4个不同呼吸时相比下的潮气量几乎没有差别，说明潮气量受呼吸时相比的影响较小。

4.4.5 综合分析

综合以上仿真结果，可以得到腹部托压机械通气中腹压形式与通气效果之间的关系，结合机械通气临床实验专家知识，对结果进行分析。

1. 腹压频率和压力大小分别与潮气量的关系研究

腹压通气频率与潮气量成近似反比关系，这与实际情况基本相符。本书第2章的肺通气基础知识里介绍过肺通气阻力，包括弹性阻力和非弹性阻力，当通气频率过高时，他们必将阻碍气体进出肺，从而使得潮气量降低。

最大腹压强度与潮气量成近似正比关系，这与实际情况基本相符。本书第2章的腹压机械通基础知识讲过，之所以腹部托压能实现肺通气，原因是托压力通过带动横膈膜运动而形成呼吸，因此托压力增大时，横膈膜位移幅度也随之增加，从而使得潮气量增加。

2. 腹压频率和压力大小共同作用与潮气量的关系研究

潮气量取得最大值时，最大腹压强度为最大值，腹压频率为最小值，这与实际情况基本相符。由于潮气量是单次呼吸周期里吸入或呼出的气体量，因此腹压频率较低，即呼气和吸气时间较长时，加之最大腹压强度取最大值时，托压能在足够的时间里将肺内的气体最大限度地排出和将空气最大限度地吸入，因而此时潮气量最大。

潮气量取得最小值时，最大腹压强度为最小值，腹压频率为最大值，这与实际情况基本相符。当腹压频率较高、最大腹压强度较小时，小的托压在短时间内需要将肺内的气体排出和将空气吸入，因而此时潮气量较小。

3. 腹压频率和压力大小共同作用与分钟通气量的关系研究

分钟通气量取得最大值时，最大腹压强度和腹压频率都为最大值，这与实际情况基本相符。分钟通气量为单位时间(一分钟)内潮气量总和，当最大腹压强度和腹压频率都为最大值时，一方面横膈膜位移幅度较大，另一方面呼吸次数较多，因此分钟通气量大。

分钟通气量取得最小值时，最大腹压强度和腹压频率都为最小值这与实际情况基本相符。当最大腹压强度和腹压频率都为最小值时，一方面横膈膜位移幅度较小，另一方面呼吸次数较少，因此分钟通气量小。

4. 腹压时相比与潮气量的关系研究。

腹压时相比与潮气量关系是比较复杂的，从对数学模型的仿真结果来看，两者的关系并不大，但从现有的知识不能说明这个结果，因此需要进一步深入研究。

5. 初步最优治疗方案

通过一系列的仿真实验，可以得到初步的最优治疗方案：最大腹压强度和腹压频率都取最大值时得到最佳通气效果。但是，这只是一个理论研究层面上的初步最优方案，因为实际系统是比较复杂的，例如，最大腹压强度不是可以无限度地增大的，当腹压强度高于一定值后会对患者腹部脏器产生一定的损害，因此如何综合考虑这些因素，找到最优治疗方案是下一步的研究工作。

4.5 本章小结

医学生理建模仿真研究具有较大理论研究和实际应用价值，通过建立数学模型可以更加完整、系统地了解新方法，并对新方法进行完善和改进，通过借助模型进行仿真研究，可以找到各个因素在治疗过程中对治疗效果的影响，并形成最优治疗方案。

本章对腹部托压机械通气方法进行了数学建模仿真研究，利用最小二乘线形回归方法建立了腹压、胸内压和相对肺容量的关系子模型，通过分析肺的粘弹性特性和气道阻力特点分别建立了二阶线性肺动态顺应性子模型和非线性气道阻力子模型，综合3个子模型构建腹部托压通气方法完整数学模型，在此基础上对腹压形式和通气效果进行了仿真研究，得到了腹压因素与通气效果之间的规律，提出了初步的优化控制方案。

第 5 章　系统预测模型

5.1　系统预测概述

5.1.1　系统预测的概念

预测是对事物或现象将要发生的或目前不明确的情况进行预先估计和推测。预测要有一定的科学依据，其建立在对事物历史与现状的调查上，建立在对有关主要因素分析的基础上。

系统预测就是根据系统发展变化的实际数据和历史资料，运用科学的理论、方法和各种经验、判断、知识，去推测、估计、分析事物在未来一定时期内的可能变化情况。

其实质是充分分析、理解待测系统及其有关主要因素的演变，以便找出系统发展变化的固有规律，根据过去、现在估计未来，根据已知预测未知，从而推断该系统的未来发展状况。

5.1.2　预测方法的分类

由于预测的对象、时间、范围、性质等不同，预测方法可以形成不同的分类，但可根据方法本身的性质特点将预测方法分为三类。

1. 定性预测方法

根据人们对系统过去和现在的经验、判断和直觉进行预测，其中以人的逻辑判断为主，仅要求提供系统发展的方向、状态、形势等定性结果。

该方法适用于缺乏历史统计数据的系统对象，利用诸如市场调查、专家打分、主观评价等做出预测。

2. 时间序列分析

根据系统对象随时间变化的历史资料，只考虑系统变量随时间的变化规律，对系统未来的表现时间进行定量预测。主要包括移动平均法、指数平滑法、趋势外推法等。

该方法适于利用简单统计数据预测研究对象随时间变化的趋势，如企业的总产值、商品的销售额、城市的用电量、地区的降雨量等。

3. 因果关系预测

系统变量之间存在某种前因后果关系，找出影响某种结果的几个因素，建立因与果之间的数学模型，根据因素变量的变化预测结果变量的变化，不仅预测系统发展的方向又确定具体的数值变化规律。一般因果关系模型中的因变量与自变量在时间上是同步的。其方法主要包括时间序列分析、线性回归分析、概率统计方法、计量经济学方法、系统动力学仿真、神经网络技术、灰色预测模型等。

5.1.3　预测方法的要素

（1）预测对象所处学科领域的理论。
（2）预测方法的理论。
（3）预测对象的历史和现状资料与数据。
（4）采用的计算方法或分析判断方法。
（5）预测方法和预测结果的评价与检验。

5.2　回归分析方法

5.2.1　多元线性回归的概念

1. 回归概念

把系统中一些因素作为自变量，另一些随自变量变化而变化的变量作为因变量，研究它们之间的非确定性因果关系，以便预测因变量的未来发展趋势。

具体是根据若干观测数据寻找描述因素变量之间的函数或统计相关关系的最佳数学表达式，或者匹配数据之间相关关系的最佳拟合曲线，来表达随机性变量间的规律。

2. 回归方法

进行多元线性回归分析时，如果回归方程中包含自变量过多，则会增大计算和测定工作量，并且由于对因变量作用很小的自变量存在而会降低预报精度、会影响回归方程的稳定，因此要挑选对因变量影响显著的因素作为自变量，以形成最优回归方程。

1）全面比较法

将全部有关因素作为自变量，按照它们的各种可能组合计算相应的回归方程，然后挑选出残差标准差最小、自变量均显著的最优回归方程。

2）向后剔除法

首先建立一个包括所有自变量的多元线性回归方程，然后进行方差分析和各变量偏回归平方和的显著性检验，剔除偏回归平方和最小的不显著自变量，反复进行直到只包含显著自变量为止。

3）向前引入法

首先根据简单相关关系，引入与因变量相关程度最大的一个自变量建立回归方程，进行偏回归平方和检验显著性，如显著则保留，在剩余变量中继续进行，直到没有显著变量为止。

4）逐步回归法

按自变量对因变量的作用程度从大到小逐个引入回归方程，每引入一个变量同时检验方程中各个自变量的显著性，合格保留、不显著剔除，反复进行直到再没有显著的变量可以引入为止。

3. 适用对象

有大量观测统计数据、无确定关系形式的黑色系统。

4. 技术基础

需具备统计学的相关分析、方差分析及其统计检验等基础知识。计算机安装有社会科学统计软件包(SPSS 软件)。

5.2.2 回归方法的基本原理

1. 回归模型

当因变量 y 与其多种影响因素(x_1，x_2，…，x_n)间基本存在线性关系时，可进行多元线性回归分析。

1）理论回归方程

$$y = B_0 + B_1x_1 + B_2x_2 + \cdots + B_nx_n + \varepsilon \tag{5-1}$$

其中，ε 为随机影响因素，$\varepsilon \sim N(0,\ \sigma^2)$。$y$ 与 x_1，x_2，…，x_n有 m 组样本数据值。

2）经验回归方程

$$\hat{y} = b_0 + b_1x_1 + b_2x_2 + \cdots + b_nx_n \tag{5-2}$$

其中，b_j为偏回归系数，表示假设其他自变量不变的情况下，某一自变量变化引起因变量变化的比率，通过解方程求得。

解方程常用最小二乘法：使该曲线与各点的纵向垂直距离最小，即观测值 y 与回归计算值 $\hat{y}$ 间的误差平方和 $\sum(y-\hat{y})^2$ 最小。

3）系数矩阵形式

$$b = (\boldsymbol{X}^{\mathrm{T}}\boldsymbol{X})^{-1}\boldsymbol{X}^{\mathrm{T}}\boldsymbol{Y} \tag{5-3}$$

式中：$\boldsymbol{b} = [b_0,\ b_1,\ \cdots,\ b_n]^{\mathrm{T}}$是回归系数向量；$\boldsymbol{Y} = [y_1,\ y_2,\ \cdots,\ y_m]^{\mathrm{T}}$是因变量 y 的 m 次观测值向量；矩阵 X 是 n 个自变量的 m 次观测值并增加列向量 1 所组成的。

2. 假设理论

独立性：给定 x_j条件下，ε_i的条件期望值 $E(\varepsilon_i)=0$，即零均值假设；

等方差：对于所有 x_j，ε_i的条件方差同为常数 σ^2，即 $\mathrm{Var}(\varepsilon_i/x_j)=\sigma^2$；

正态性：随机误差项 ε_i服从均值 $\mu=0$、方差为 σ^2的正态分布；

不相关性：ε_i与 x_j对 y 的影响相互独立；

无自相关：ε_i的逐次观察值互不相关；

3. 方程检验

(1) 变量相关性检验。

复相关系数

$$R = (Q_1/S_{yy})^{1/2} = (1 - Q_2/S_{yy})^{1/2} \tag{5-4}$$

① 反映因变量与所有自变量间整体线性关系的密切程度，即曲线的拟合程度。相关系数只能反映变量间密切关系，不能反映变量间因果关系，即拟合效果与预测效果不相同。

其中，$S_{yy}=\sum(y_i-\bar{y})^2$ 为 y 的总离差平方和，反映观测值与平均值的离散程度，S_{yy} 越大则表示 y 波动越大，且 $S_{yy}=Q_1+Q_2$。

$Q_1=\sum(\hat{y}_i-\bar{y})^2$ 为 y 的回归平方和，反映估计值与平均值的离散程度，即自变量 x 的重要程度。Q_1 越大表示由 Δx 引起 y 的波动越大，其与回归方程有关；

$Q_2=\sum(\hat{y}_i-\bar{y}_i)^2=\sum\varepsilon_i^2$ 为 y 的残差（剩余）平方和，反映观测值与计算值偏差，Q_2 越大表示由其他因素影响引起 y 的随机波动越大，其与回归方程有关。

② 实际应用时必须清除自变量个数和样本数量多少的影响，对 R 进行修正：

$$Adjusted\ R\ Square=1-\frac{\sum(y_i-\hat{y})^2/(m-n-1)}{\sum(y_i-\bar{y})^2/(m-1)} \tag{5-5}$$

其中，S_{yy} 的自由度 $f=m-1$，Q_1 的自由度 $f_1=n$，Q_2 的自由度 $f_2=m-1-n$；f 为统计量中含独立变量的个数（m 观测量数目，n 自变量数目）。

调整的判定系数 R^2 能解释因变量 y 的波动中由整体 x 引起的百分比率，其值在 0～1 之间，值越大表明回归方程的拟合度越好。

（2）回归方程显著性——F 检验。

方差分析作用是检验因变量 y 与自变量 x_1，x_2，…，x_n 整体有无线性关系。

统计量 $F=(Q_1/n)/(Q_2/(m-n-1))$ 为回归均方差与剩余均方差的比值，F 值越大线性方程越显著。

假设 $b_j=0$，当 $F\geqslant F\alpha(n,\ m-n-1)$ 成立时否定假设，认为多元线性回归模型在显著性水平 α 下有显著意义，一般取 $\alpha=0.1$，0.05，0.01。

（3）回归系数显著性——t 检验。

作用是检验每一个自变量 x_j 对因变量 y 的线性影响。

偏相关系数 $t_j=b_j/S_{bj}$，标准误差 $S_{bj}=C_{jj}^{1/2}\cdot S$，$C_{jj}$ 是矩阵 $(X^TX)^{-1}$ 主对角线上相应的第 j 个元素。t_j 表示排除其他变量影响后，某自变量 x_j 与因变量 y 之间的相关程度和方向，其值越大两变量间线性关系越显著。

假设 $b_j=0$，当 $|t_j|\geqslant t_{a/2}(m-n-1)$ 成立时则否定假设，说明 x_j 对 y 有显著性影响，其中 $\alpha=P\{|t_j|\geqslant t_{a/2}(m-n-1)\}$。

（4）残差独立性检验。

① DW 检验。

假设理论中随机误差项 ε_i 之间的无自相关性不一定满足，即存在序列相关，则将会使 b_j 不是有效的估计量，因而必须对回归模型进行序列相关检验，以保证预测结果的有效性。

统计量

$$DW = \sum (\varepsilon_i - \varepsilon_{i-1})^2 / \sum \varepsilon_i^2 \tag{5-6}$$

$D \approx 2$ 时(一般 1.5 ~ 2.5)残差与自变量互为独立，$0 < D < 2$ 时相邻两点残差为正相关，$2 < D < 4$ 时相邻两点残差为负相关。

若 ε_i 之间存在自相关性，则需通过数据变换消除。

② 散点图。

以预测值 $\hat{y}$ 为横轴，以观测值与预测值的误差 $y - \hat{y}$ 为纵轴。若散点呈随机分布即残差分布为常数，则认为残差与因变量或自变量间相互独立；若散点呈现明显规律，则可能存在自相关、非线型、非常数方差等，需变换因变量或自变量的数据。

同时若随机分布的散点大部分落在水平直线 -2 和 2 之间，则可以判断模型的拟合效果比较好。

（5）残差正态性检验。

① 残差直方图。

是以一组无间隔的直条图表现残差频数分布特征的统计图，其中每一条形的高度分别代表相应组别的频率。直方图可以展示正态分布曲线及其参数。

② 积累概率图。

是一种用来判断一个变量分布与一个指定分布是否符合的概率分布图。这里代表残差分布的曲线与代表正态分布的斜线重合程度越高，则两种分布的一致性越好。

（6）自变量共线检验。

① 共线性是指某个自变量与其他自变量的总体线性相关。但多元线性回归方法中应用最小二乘法估计模型参数的一个必要条件是自变量之间为不完全线性相关，若不满足，则可能出现回归系数值不可靠、回归系数符号与事理意义不符、有用变量被剔除等情况。

② 判断共线性使用统计量容许度和方差膨胀因子。

容许度

$$Tolerance = 1 - R_j^2 \tag{5-7}$$

其中，R_j为x_j与其他x间的复相关系数。容许度值越大自变量x_j与其他自变量x间的共线性越弱，一般要求$R_j^2 < R^2$。并且使用时要求观测量近似正态分布。

方差膨胀因子$VIF = 1/(1 - R_j^2)$。

③ 消除共线性，可用的方法主要有：

剔除不必要的自变量：从运用相关分析或聚类分析求得的一组高度相关的自变量中，剔除回归系数最小的、或t检验值最小的、或系数符号与经济意义不符的变量；自变量进行数据转换：有数学函数转换、观测值累加、自变量合并等方法；增加观测样本值；重新抽取样本数据；寻找新的自变量等。

5.3 时间序列分析

5.3.1 时间序列概述

1. 基本概念

1）一般概念

系统中某一变量的观测值按时间顺序排列成一个数值序列，展示研究对象在一定时期内的变动过程，从中寻找和分析事物的变化特征、发展趋势和规律。

它是系统中某一变量受其他各种因素影响的总结果。

2）研究实质

通过处理预测目标本身的时间序列数据，获得事物随时间过程的演变特性与规律，进而预测事物的未来发展。

它不研究事物之间相互依存的因果关系。

3）假设基础

惯性原则。即在一定条件下，被预测事物的过去变化趋势会延续到未来。这暗示着历史数据隐含存在着某些信息，利用它们可以解释与预测时间序列的现在和未来。

近大远小原理和无季节性、无趋势性、线性、常数方差等。

4）研究意义

许多经济、金融、商业等方面的数据都是时间序列数据。时间序列的预测和评估技术相对完善，其预测情景相对明确。尤其关注预测目标可用数据的数量和质量，即时间序列的长度和预测的频率。

2. 变动特点

1）趋势性

某个变量随着时间进展或自变量变化，呈现一种比较缓慢而长期的持续上升、下降、停留的同性质变动趋向，但变动幅度可能不等。

2）周期性

某因素由于外部影响随着自然季节的交替出现高峰与低谷的规律。

3）随机性

个别为随机变动，整体呈统计规律。

4）综合性

实际变化情况一般是几种变动的叠加或组合。预测时一般设法过滤除去不规则变动，突出反映趋势性和周期性变动。

3. 特征识别

认识时间序列所具有的变动特征，以便在系统预测时选择采用不同的方法。

1）随机性

均匀分布、无规则分布，可能符合某统计分布。

2）平稳性

样本序列的自相关函数在某一固定水平线附近摆动，即方差和数学期望稳定为常数。样本序列的自相关函数只是时间间隔的函数，与时间起点无关。其具有对称性，能反映平稳序列的周期性变化。

特征识别利用自相关函数

$$ACF:\ \rho_k = \gamma_k / \gamma_0 \tag{5-8}$$

其中，γ_k是y_t的k阶自协方差，且$\rho_0 = 1$、$-1 < \rho_k < 1$。

平稳过程的自相关系数和偏自相关系数都会以某种方式衰减趋近于0，

前者测度当前序列与先前序列之间简单和常规的相关程度，后者是在控制其他先前序列的影响后，测度当前序列与某个先前序列之间的相关程度。

实际上，预测模型大都难以满足这些条件，现实的经济、金融、商业等序列都是非稳定的，但通过数据处理可以变换为平稳的。

4. 预测类型

1）点预测

确定唯一的最好预测数值，其给出了时间序列未来发展趋势的一个简单、直接的结果。但常产生一个非零的预测误差，其不确定程度为点预测值的置信区间。

2）区间预测

未来预测值的一个区间，即期望序列的实际值以某一概率落入该区间范围内。区间的长度传递了预测不确定性的程度，区间的中点为点预测值。

3）密度预测

序列未来预测值的一个完整的概率分布。根据密度预测，可建立任意置信水平的区间预测，但需要额外的假设和涉及复杂的计算方法。

5. 基本步骤

（1）分析数据序列的变化特征。

（2）选择模型形式和参数检验。

（3）利用模型进行趋势预测。

（4）评估预测结果并修正模型。

5.3.2 随机时间序列

系统中某一因素变量的时间序列数据没有确定的变化形式，也不能用时间的确定函数描述，但可以用概率统计方法寻求比较合适的随机模型近似反映其变化规律。

1. 自回归 AR(p)模型

1）模型形式

$$y_t = \phi_1 y_{t-1} + \phi_2 y_{t-2} + \cdots + \phi_p y_{t-p} + \varepsilon_t \tag{5-9}$$

式中假设：y_t的变化主要与时间序列的历史数据有关，与其他因素无关；

ε_t不同时刻互不相关，ε_t与y_t历史序列不相关。

式中符号：p模型的阶次，滞后的时间周期，通过实验和参数确定；

y_t当前预测值，与自身过去观测值$y_{t-1},y_{t-2},\cdots,y_{t-p}$是同一序列不同时刻的随机变量，相互间有线性关系，也反映时间滞后关系；

$y_{t-1},y_{t-2},\cdots,y_{t-p}$同一平稳序列过去$p$个时期的观测值；

$\phi_1,\phi_2,\cdots,\phi_p$自回归系数，通过计算得出的权数，表达$y_t$依赖于过去的程度，且这种依赖关系恒定不变；

ε_t随机干扰误差项，是0均值、常方差σ^2、独立的白噪声序列，通过估计指定的模型获得。

2）识别条件

当$k>p$时，有$\phi_k=0$或ϕ_k服从渐近正态分布$N(0,\ 1/n)$且($|\phi_k|>2/n^{1/2}$)的个数≤4.5%，即平稳时间序列的偏相关系数ϕ_k为p步截尾，自相关系数r_k逐步衰减而不截尾，则序列是AR(p)模型。

实际中，一般AR过程的*ACF*函数呈单边递减或阻尼振荡，所以用*PACF*函数判别(从p阶开始的所有偏自相关系数均为0)。

3）平稳条件

一阶：$|\phi_1|<1$。二阶：$\phi_1+\phi_2<1$、$\phi_1-\phi_2<1$、$|\phi_2|<1$。ϕ越大，自回归过程的波动影响越持久。

4）模型意义

仅通过时间序列变量的自身历史观测值来反映有关因素对预测目标的影响和作用，不受模型变量相互独立的假设条件约束，所构成的模型可以消除普通回归预测方法中由于自变量选择、多重共线性等造成的困难。

2. 移动平均MA(q)模型

1）模型形式

$$y_t=\varepsilon_t-\theta_1\varepsilon_{t-1}-\theta_2\varepsilon_{t-2}-\cdots-\theta_p\varepsilon_{t-p} \qquad (5-10)$$

2）模型含义

用过去各个时期的随机干扰或预测误差的线性组合来表达当前预测值。AR(p)的假设条件不满足时可以考虑用此形式。总满足平稳条件，因

其中参数 θ 取值对时间序列的影响没有 AR 模型中参数 p 的影响强烈，即这里较大的随机变化不会改变时间序列的方向。

3）识别条件

当 $k>q$ 时，有自相关系数 $r_k=0$ 或自相关系数 r_k 服从 $N(0,\ 1/n(1+2\sum r_i^2)^{1/2})$ 且 $(|r_k|>2/n^{1/2}(1+2\sum r_i^2)^{1/2})$ 的个数 $\leqslant 4.5\%$，即平稳时间序列的自相关系数 r_k 为 q 步截尾，偏相关系数 ϕ_k 逐步衰减而不截尾，则序列是 MA(q)模型。

实际中，一般 MA 过程的 *PACF* 函数呈单边递减或阻尼振荡，所以用 *ACF* 函数判别（从 q 阶开始的所有自相关系数均为 0）。

4）可逆条件

一阶：$|\theta_1|<1$；二阶：$|\theta_2|<1$、$\theta_1+\theta_2<1$。

当满足可逆条件时，MA(q)模型可以转换为 AR(p)模型

3. 自回归移动平均 ARMA(p, q)模型

1）模型形式

$$y_t=\phi_1 y_{t-1}+\phi_2 y_{t-2}+\cdots+\phi_p y_{t-p}+\varepsilon_t-\theta_1\varepsilon_{t-1}-\theta_2\varepsilon_{t-2}-\cdots-\theta_p\varepsilon_{t-p} \quad (5-11)$$

式中符号：p 和 q 是模型的自回归阶数和移动平均阶数；

ϕ 和 θ 是不为零的待定系数；ε_t 独立的误差项；

y_t 是平稳、正态、零均值的时间序列。

2）模型含义

使用两个多项式的比率近似一个较长的 AR 多项式，即其中 $p+q$ 个数比 AR(p)模型中阶数 p 小。前两种模型分别是该种模型的特例。

一个 ARMA 过程可能是 AR 与 MA 过程、几个 AR 过程、AR 与 ARMA 过程的叠加，也可能是测度误差较大的 AR 过程。

3）识别条件

平稳时间序列的偏相关系数 ϕ_k 和自相关系数 r_k 均不截尾，但较快收敛到 0，则该时间序列可能是 ARMA(p, q)模型。实际问题中，多数要用此模型。因此建模解模的主要工作是求解 p、q 和 ϕ、θ 的值，检验 ε_t 和 y_t 的值。

4）模型阶数

AIC 准则：最小信息准则，同时给出 ARMA 模型阶数和参数的最佳估计，适用于样本数据较少的问题。目的是判断预测目标的发展过程与

哪一随机过程最为接近。因为只有当样本量足够大时，样本的自相关函数才非常接近母体的自相关函数。具体运用时，在规定范围内使模型阶数从低到高，分别计算 AIC 值，最后确定使其值最小的阶数是模型的合适阶数。

模型参数最大似然估计时

$$AIC=(n-d)\lg\sigma^2+2(p+q+2) \tag{5-12}$$

模型参数最小二乘估计时

$$AIC=n\lg\sigma^2+(p+q+1)\lg^n \tag{5-13}$$

式中：n 为样本数，σ^2 为拟合残差平方和，d、p、q 为参数。

其中，p、q 范围上线是 n 较小时取 n 的比例，n 较大时取 $\lg^n$ 的倍数。

实际应用中 p、q 一般不超过2。

4. 自回归综合移动平均 ARIMA(p, d, q)模型

1）模型识别

平稳时间序列的偏相关系数 ϕ_k 和自相关系数 r_k 均不截尾，且缓慢衰减收敛，则该时间序列可能是 ARIMA(p, d, q)模型。

2）模型含义

模型形式类似 ARMA(p, q)模型，但数据必须经过特殊处理。特别当线性时间序列非平稳时，不能直接利用 ARMA(p, q)模型，但可以利用有限阶差分使非平稳时间序列平稳化，实际应用中 d 一般不超过2。

若时间序列存在周期性波动，则可按时间周期进行差分，目的是将随机误差有长久影响的时间序列变成仅有暂时影响的时间序列。

即差分处理后新序列符合 ARMA(p, q)模型，原序列符合 ARIMA(p, d, q)模型。

5.4 神经网络技术

1. 一般概念

（1）含义：人工神经网络是由人工建造的、以有向图为拓扑结构的动态系统，通过对连续或断续的输入作为状态响应而进行大规模信息处理。

（2）实质：以大脑生理变化过程为基础，模仿大脑的结构和功能。

（3）目标：期望输出与实际输出间的误差最小。

2. 方法原理

（1）网络结构：

如图5.1所示，每个神经元为信息处理元，同层各元间没有任何连接，相邻层各元间完全连接；输入信息经过激活函数计算后，通过传递函数变换的权值将输出单向传播到下层的各神经元；每个神经元都有一个可变阈值。

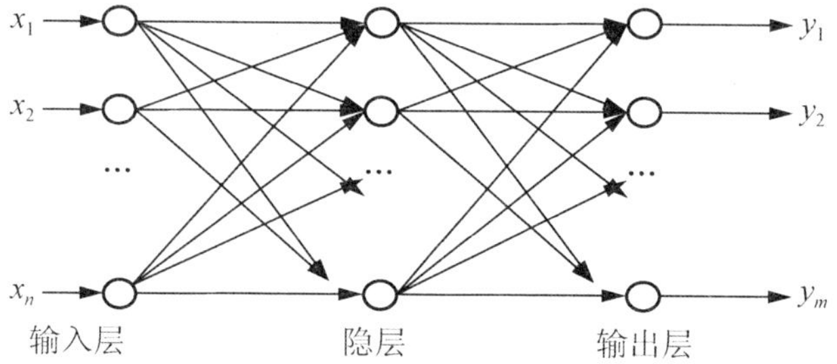

图5.1　人工神经网络结构

（2）传递函数：

任何可微函数，一般输入层和隐层的是对数(0，1)S形函数$f(x)=1/(1+e^{-x})$或正切(−1，1)S形函数$f(x)=(1-e^{-x})/(1+e^{-x})$，输出层的是线性函数。

（3）模拟过程：

网络通过对已知信息的反复学习训练，运用根据误差来逐步调整与改变神经元连接权重和神经元阈值的方法，使得相似的输入有相似的输出，从而达到处理信息、模拟输入/输出关系的目的。即读入样本、设定初始权值和阈值；设定参数；计算隐含层输出；计算输出层输出；计算输出值与期望值的误差；判断误差是否小于设定值，是则结束；调整隐层到输出层的权值和阈值；调整输入层到隐层的权值和阈值；返回计算隐含层输出。

3. 网络优点

（1）若设定合适的隐层神经元数，经过数次复合后，可以逼进任意闭区间内的任意复杂的连续非线性函数。

（2）无须知道输入/输出间的确切关系和很多参数，仅需知道输入/输出数据或能引起输出变化的非恒定性因素参数。

(3) 在处理随机性、非线性数据，多输入、多输出系统等方面较优越。

4. 学习过程

(1) 读入样本：输入样本名 = [输入样本集]；目标样本名 = [期望输出样本集]；

预测一般用一维数组，样本数大于输入元数根据预测周期确定。

评价一般用多维数组，数组维等于输入元数根据影响因素确定。

多个变量用分号分隔，同一变量样本数据间隔空格或逗号。

数据处理：

标准化 [-1, 1]：每个数值/变量数值的范围。

标准化 [0, 1]：(每个数值 - 最小值)/变量数值范围。

标准化均值为0 标准差为1：(每个数值 - 均值)/标准差。

数学转化：比率和比例等。

(2) 创建网络：网络名 = *newff*(*PR*, *SN*, *TF*, *BTF*, *BLF*, *PF*)；

PR = [输入取值范围]，

区间形式或函数形式 *minmax*(*p*)，多个变量用 ';' 号分隔。

SN = [每层神经元数]，

层数与传递函数数一致对应。

输入元数由预测周期或影响因素确定，输出元数由研究对象确定。

TF = { '每层传递函数' }，

对数 S 形 *logsig*，正切 S 形 *tansig*，线性 *purelin*。

BTF = '网络训练函数'，

普通训练 *traingdm*：需设定学习速率、动量系数。

快速训练 *trainlm*：默认，网络训练的收敛速度较快。

BLF = '网络权值阈值函数'，

PF = '网络性能函数'，

默认 *mse*，网络输出和目标输出的均方误差。

(3) 设定参数

网络名 = *init*(网络名)；初始化网络权值和阈值(可不设定)

网络名 . *trainparam. show* = 训练状态的显示幅度；(默认 25)

网络名 . *trainparam. lr* = 学习速率；(权值阈值的调整幅度)

网络名 . *trainparam. mc* = 动量系数；（权阈值改变的重复度）

网络名 . *trainparam. epochs* = 训练次数；（默认 100）

网络名 . *trainparam. goal* = 误差精度；（默认 0）

网络名 . *trainparam. time* = 训练秒数；（可不选）

（4）训练网络：网络名 = *train*(网络名，输入变量名，目标变量名)；

此过程反复调整权值和阈值，以减小性能函数的值，直到达到预先设定的误差精度。

（5）模拟输出：*sim*(网络名，输入样本名)

图形输出：*plot*(横坐标，纵坐标，'参数')

查看参数：权值：网络名 . *iw* {层序号}

阈值：网络名 . *b* {层序号}

（6）调整参数：学习速率、动量系数、训练次数、误差精度等。

（7）仿真预测：网络固定，输入新的样本集，模拟输出。

5. 技术特点

（1）处理样本数据，进行网络学习的基础；

（2）选择学习速率，适当小以保证学习过程的稳定性；

（3）输入层单元数，确定时参考输出变化规律与影响因素，运用实验方法；

（4）隐层数单元数，选择确定是网络设计最灵活、最关键的部分；

（5）观察输出曲线，误差曲线斜率在训练次数较大区间内变化较小；

6. 缺点不足

（1）学习收敛速度较慢，且不能保证收敛到最小点；

（2）网络隐层的层数和单元数的选取无理论指导，一般根据经验和实验确定；

（3）网络学习和记忆具有不稳定性。

5.5 灰色预测理论模型

5.5.1 灰色理论概述

灰色系统理论是 1982 年由我国学者邓聚龙教授创立的[65]，是一种研究少数据、贫信息不确定性问题的新方法。灰色系统理论以“部分信息已知，部分信息未知”的“小样本”、“贫信息”不确定性系统为研究对象，主要通过对“部分”已知信息的生成、开发，提取有价值的信息，实现对系统运行行为、演化规律的正确描述和有效监控。以灰色模型(GM)为核心的模型体系，其特点是“少数据建模”。

灰色系统理论经过20多年的发展，现在已经基本建立起一门新兴学科的结构体系。其主要内容包括以灰色代数系统、灰色方程、灰色矩阵等为基础的理论体系。以灰色序列生成为基础的方法体系，以灰色关联空间为依托的分析体系。以灰色模型(GM)为核心的模型体系，以系统分析、评估、建模、预测、决策、控制、优化为主体的技术体系[66,67]。

灰色系统理论是通过对原始数据的挖掘、整理来寻求其变化规律的，这是一种就数据寻找数据的现实规律的途径，称为灰色序列生成。灰色系统理论认为，尽管客观系统表象复杂，数据离乱，但它总是有整体功能的，因此必然蕴含某种内在规律。关键在于如何选择适当的方式去挖掘它和利用它。一切灰色序列都能通过某种生成弱化其随机性，显现其规律性。通过离散的时间序列数据建立近似连续的微分方程，采用的方法是通过序列生成算子生成一系列函数，这些函数是建模和预测的基础[68,69]。这些算子的作用主要是强化离散过程的确定性，弱化其不确定性。这是灰色理论之所以能够利用少数据建模的最主要原因。

灰色预测可分为4种类型[70]：

(1) 灰色时间序列预测(又称为数列预测)：用观察到的反映预测对象特征的时间序列来构造灰色预测模型，预测未来某一时刻的特征量，如粮食产量的预测，商品销售量的预测等。

(2) 灾变预测：对系统行为特征量超出某个阈值(界限值)的异常值将在何时出现的预测称为灾变预测，其预测的任务不是确定异常值的大小，而是确定异常值出现的时间。

(3) 拓扑预测：对一个变化不规则的行为数据序列未来的整体发展变化波形进行预测，因此又称为波形预测。

(4) 系统预测：通过对系统行为特征指标建立一组相互关联的灰色预测模型来预测系统中众多变量间的相互协调关系的发展变化，如市场中代用产品、相互关联产品销售量互相制约的预测。

5.5.2 灰色系统建模原理

灰色系统理论的主要任务之一，是根据生态系统的行为特征数据，寻找不同系统变量之间或某些系统变量自身的数学关系和变化规律。灰色系统理论认为任何随机过程都是在一定幅值范围和一定时区内变化的灰色量，并把随机过程看成灰色过程。

1. 序列算子与灰色序列生成[71~73]

定义 5.1 冲击扰动系统与序列算子

设 $X^0=(x^0(1),x^0(2),\cdots,x^0(n))$ 为系统真实行为序列，而观察到的系统行为数据序列为

$$X=(x(1),x(2),\cdots,x(n))=(x^0(1)+\varepsilon_1,x^0(2)+\varepsilon_2,\cdots,x^0(n)+\varepsilon_n)=X^0+\varepsilon \tag{5-14}$$

其中，$\varepsilon=(\varepsilon_1,\varepsilon_2,\cdots,\varepsilon_n)$ 为冲击扰动项（干扰项），X 称为冲击扰动序列。

定义 5.2 缓冲算子

设 $X=(x(1),x(2),\cdots,x(n))$ 为系统行为数据系列，D 为作用于 X 的算子，X 经过算子 D 作用后所得序列记为

$$XD=(x(1)d,x(2)d,\cdots,x(n)d) \tag{5-15}$$

称 D 为序列算子，称 XD 为一阶算子作用序列。

序列算子的作用可以多次、相应的，若 D_1,D_2,D_3 都是序列算子，我们称 D_1D_2 为二阶算子，并称

$$XD_1D_2=(x(1)d_1d_2,x(2)d_1d_2,\cdots,x(n)d_1d_2) \tag{5-16}$$

为二阶算子作用序列，同理，$D_1D_2D_3$ 为三阶序列算子。……

设 X 为原始数据序列，D 为缓冲算子，当 X 分别为增长序列，衰减序列或振荡序列时：

（1）若缓冲序列 XD 比原始序列 X 的增长速度（或衰减速度）减缓或振幅减小，则称缓冲算子 D 为弱化算子。

（2）若缓冲序列 XD 比原始序列 X 的增长速度（或衰减速度）加快或振幅增大，则称缓冲算子 D 为强化算子。

实用缓冲算子的构造：

设原始数据序列 $X=(x(1),x(2),\cdots,x(n))$ 令缓冲序列

$$XD=(x(1)d,x(2)d,\cdots,x(n)d) \tag{5-17}$$

其中，$x(k)d = \frac{1}{n-k+1}[x(k)+x(k+1)+\cdots+x(n)]$；$k=1,2,\cdots,n$ 则当 X 为增长序列，衰减序列或振荡序列时，D 为弱化算子，并称为平均弱化缓冲算子(AWBO)

设原始序列和其缓冲算子序列分别为

$$X=(x(1),x(2),\cdots,x(n)) \tag{5-18}$$

和

$$XD=(x(1)d,x(2)d,\cdots,x(n)d)$$

其中，$x(k)d=\frac{x(1)+x(2)+\cdots+x(k-1)+kx(k)}{2k-1}$，$k=1,2,\cdots,n-1$；

$x(n)d=x(n)$

则当 X 为增长序列、衰减序列或振荡序列时，D 为强化算子。

缓冲算子不仅可以用于灰色系统建模，而且还可以用于其他各种模型建模。通常在建模之前根据定性分析结论对原始数据序列施以缓冲算子，淡化或消除冲击扰动对系统行为数据序列的影响，往往会收到预期的效果。均值生成算子在收集数据时，常常由于一些不易克服的困难导致数据序列出现空缺(也称空穴)，有些数据序列虽然完整，但由于系统行为在某个时点上发生突变而形成异常数据，剔除异常数据就会留下空穴，如何填补空穴，自然成为数据处理过程中首先遇到的问题，均值生成是常用的构造新数据，填补原序列空穴，生成新序列的方法。

定义5.3 设序列 X 在 k 出现有空穴，记为 $\phi(k)$，即

$$X=(x(1),x(2),\cdots,x(k-1),\phi(k),x(k+1),\cdots,x(n)) \tag{5-19}$$

则称 $x(k-1)$ 和 $x(k+1)$ 为 $\phi(k)$ 的界值，$x(k-1)$ 为前界，$x(k+1)$ 为后界。当 $\phi(k)$ 是由 $x(k-1)$ 和 $x(k+1)$ 生成时，称生成值 $x(k)$ 为 $[x(k-1),x(k+1)]$ 的内点。

设序列

$$X=(x(1),x(2),\cdots,x(k-1),\phi(k),x(k+1),\cdots,x(n)) \tag{5-20}$$

为 k 处有空穴 $\phi(k)$ 的序列，而 $\phi(k)=x^*(k)=0.5x(k-1)+0.5x(k)$ 称为非紧邻均值生成数，所得序列称为非紧邻生成序列。

设序列

$$X=(x(1),x(2),\cdots,x(n)) \tag{5-21}$$

若 $x^*(k)=0.5x(k-1)+0.5x(k)$，则称 $x^*(k)$ 为紧邻生成数，由紧

邻生成数构成的序列称为紧邻均值生成序列。

2. 序列的光滑性

定义 5.4 设序列

$$X = (x(1), x(2), \cdots, x(n), x(n+1)) \tag{5-22}$$

Z 是 X 的均值生成序列：

$$Z = (z(1), z(2), \cdots, z(n)) \tag{5-23}$$

其中，$z(n) = 0.5x(n-1) + 0.5x(n)$，$X^*$ 是某一可导函数的代表序列，d 为 n 维空间的距离函数，将 X 删去 $x(n+1)$ 后所得的序列仍记 X，若 X 满足当 k 充分大时，

$$\begin{aligned}&(1)\ x(k) < \sum_{i=1}^{k-1} x(i)\\ &(2)\ \max_{1 \leqslant k \leqslant n} |x^*(k) - x(k)| \geqslant \max_{1 \leqslant k \leqslant n} |x^*(k) - z(k)|\end{aligned} \tag{5-24}$$

则称 X 为光滑序列，(1)和(2)为序列光滑条件。

定义 5.5 称 $$\rho(k) = \frac{x(k)}{\sum_{i=1}^{k-1} x(i)};\quad k = 2, 3, \cdots, n \tag{5-25}$$

为序列 X 的光滑比。

定义 5.6 若序列 X 满足

$$\begin{aligned}&(1)\ \frac{\rho(k+1)}{\rho(k)} < 1;\quad k = 2, 3, \cdots, n-1;\\ &(2)\ \rho(k) \in [0, \varepsilon];\quad k = 3, 4, \cdots, n;\\ &(3)\ \varepsilon < 0.5 。\end{aligned} \tag{5-26}$$

则称 X 为准光滑序列。

定义 5.7 设序列 $X = (x(1), x(2), \cdots, x(n))$，则称

$$\sigma(k) = \frac{x(k)}{x(k-1)};\quad k = 2, 3, \cdots, n \tag{5-27}$$

为序列 X 的级比。

3. 累加生成算子与累减生成算子

累加生成是使灰色过程由灰变白的一种方法，它在灰色系统理论中占有极其重要的地位。通过累加可以看出灰量积累过程的发展态势，使离乱的原始数据中蕴含的积分特性或规律充分显露出来。

定义 5.8 设

$$X^0 = (x^0(1), x^0(2), \cdots, x^0(n)) \tag{5-28}$$

D 为序列算子，$X^0D = (x^0(1)d, x^0(2)d, \cdots, x^0(n)d)$，其中，$x^0(k)d = \sum_{i=1}^{k} x^0(i)$；$k = 1,2,3,\cdots,n$。则称 D 为 X^0 的一次累加生成算子，记为 1 - AGO(Accumulating Generation Operator)，称 r 阶算子，D^r 为 X^0 的 r 次累加生成算子，记为 r - AGO。习惯上记

$$\begin{aligned} X^0D &= X^1 = (x^1(1), x^1(2), \cdots, x^1(n)) \\ X^0D^r &= X^r = (x^r(1), x^r(2), \cdots, x^r(n)) \end{aligned} \tag{5-29}$$

其中，$x^r(k)d = \sum_{i=1}^{k} x^{r-1}(i)$；$k = 1,2,3,\cdots,n$

4. 灰指数律

定义 5.9 设序列

$$X = (x(1), x(2), \cdots, x(n)) \tag{5-30}$$

若对于

(1) $x(k) = ce^{ak}$；$c, a \neq 0$；$k = 1,2,\cdots,n$，称 X 为齐次指数序列。

(2) $x(k) = ce^{ak} + b$；$c, a, b \neq 0$；$k = 1,2,\cdots,n$，称 X 为非齐次指数序列。

定义 5.10 设序列

$$X = (x(1), x(2), \cdots, x(n)) \tag{5-31}$$

若

(1) $\forall k, \sigma(k) = \dfrac{x(k)}{x(k-1)} \in (0,1]$ (5-32)

则称序列 X 具有负的灰指数规律。

(2) $\forall k, \sigma(k) = \dfrac{x(k)}{x(k-1)} \in (1,b]$ (5-33)

则称序列 X 具有正的灰指数规律。

(3) $\forall k, \sigma(k) = \dfrac{x(k)}{x(k-1)} \in [a,b], b - a = \delta$ (5-34)

则称序列 X 具有绝对灰度为 δ 的灰指数规律。

(4) $\delta < 0.5$ 时，称 X 具有准指数规律。

定理 5.11 设序列

$$X^0 = (x^0(1), x^0(2), \cdots, x^0(n)) \tag{5-35}$$

为非负准光滑序列，则 X^0 的一次累加生成序列 X^1 具有准指数规律。

5.5.3 灰色系统预测

预测就是借助于过去的探讨去推测，了解未来。灰色预测就是通过原始数据的处理和灰色模型的建立、发现，掌握系统发展规律，对系统未来状态做出科学定理预测。数列预测是对系统变量的未来行为进行预测，GM(1, 1)是较常用的数列预测模型[74]。根据实际情况，也可以考虑采用其他灰色模型，在定性分析的基础上，定义适当的算子，对算子作用后的序列建立 GM 模型，通过精度检验后，即可用于预测。

定义 5.12 设原始数据序列

$$X_0 = (x_0(1), x_0(2), \cdots, x_0(n)) \tag{5-36}$$

相应的预测模型模拟序列

$$\hat{x}_0 = (\hat{x}_0(1), \hat{x}_0(2), \cdots, \hat{x}_0(n)) \tag{5-37}$$

残差序列

$$\begin{aligned} \varepsilon^0 &= (\varepsilon^0(1), \varepsilon^0(2), \cdots, \varepsilon^0(n)) \\ &= (x_0(1) - \hat{x}_0(1), x_0(2) - \hat{x}_0(2), \cdots, x_0(n) - \hat{x}_0(n)) \end{aligned} \tag{5-38}$$

相对误差序列

$$e = \left(\left| \frac{\varepsilon_0(1)}{x_0(1)} \right|, \left| \frac{\varepsilon_0(2)}{x_0(2)} \right|, \cdots, \left| \frac{\varepsilon_0(n)}{x_0(n)} \right| \right) = \{e_k\}_1^n \tag{5-39}$$

则：

(1) 对于 $k \leqslant n$，称 $e_k = \left(\left| \frac{\varepsilon_0(k)}{x_0(k)} \right| \right)$，为 k 点的模拟相对误差，称 $\bar{\Delta} = \frac{1}{n}\sum_{k=1}^{n}\Delta_k$ 为平均相对误差；

(2) 称 $1 - \bar{\Delta}$ 为平均相对精度，$1 - \Delta_k$ 为 k 点的模拟精度；

(3) 给定 α，当 $\bar{\Delta} < \alpha$ 且 $\Delta_n < \alpha$ 成立时，称模型为残差合格模型。

定义 5.13 设 $\hat{x}^0$ 为原始序列，$\hat{x}^0$ 为相应的模拟序列，ε 为 $\hat{x}^0$ 与 $\hat{x}^0$ 的绝对关联度，若对于给定的 $\varepsilon_0 > 0$，有 $\varepsilon > \varepsilon_0$，则称模型为关联度合格模型。

定义 5.14 设 X^0 为原始序列，$\hat{x}^0$ 为相应的模拟序列，ε^0 为 X^0 与 $\hat{x}^0$ 的残差序列，则

$$\bar{x} = \frac{1}{n}\sum_{k=1}^{n} x^0(k), \quad S_1^2 = \frac{1}{n}\sum_{k=1}^{n}(x^0(k)-\bar{x})^2 \tag{5-40}$$

分别为 X^0 的均值、方差；

$$\bar{\varepsilon} = \frac{1}{n}\sum_{k=1}^{n} \varepsilon^0(k), \quad S_2^2 = \frac{1}{n}\sum_{k=1}^{n}(\varepsilon^0(k)-\bar{\varepsilon})^2 \tag{5-41}$$

分别为残差的均值、方差。

(1) $C = \frac{s_2}{s_1}$ 称为均方差比值，对于给定的 $C_0 > 0$，当 $C < C_0$ 时，称模型为均方差比合格模型。

(2) $p = p(\left|\varepsilon(k) - \bar{\varepsilon}\right| < 0.6745S_1)$ 称为小误差概率，对于给定的 $p_0 > 0$ 当 $p > p_0$，称模型为小误差概率合格模型。

表 5-1 精度检验等级参照表

精度等级 \ 指标临界	相对误差 α	关联度 ε_0	均方差比值 C_0	小误差概率 p_0
一级	0.01	0.90	0.35	0.95
二级	0.05	0.80	0.50	0.80
三级	0.10	0.70	0.65	0.70
四级	0.20	0.60	0.80	0.60

5.5.4 GM (1, 1) 预测模型

灰色预测方法是根据过去及现在已知的或非确知的信息，建立一个从过去引申到将来的 GM 模型，从而确定系统在未来发展变化的趋势，为规划决策提供依据。在灰色预测模型中，对时间序列进行数量大小的预测，随机性被弱化了，确定性增强了。此时在生成层次上求解得到生成函数，据此建立被求序列的数列预测，其预测模型为一阶微分方程，即只有一个变量的灰色模型，记为 GM(1, 1) 模型。

GM(1, 1)模型是灰色预测的核心，它是一个单个变量预测的一阶微分方程模型，其离散时间响应函数近似呈指数规律。建立 GM(1, 1)模型的方法如下：

设 $X^{(0)}=\{X^{(0)}(1),X^{(0)}(2),\cdots,X^{(0)}(n)\}$ 为原始非负时间序列，$X^{(1)}(t)$ 为累加生成序列，即

$$X^{(1)}(t)=\sum_{m=1}^{i}X^{(0)}(m),t=1,2,\cdots,n \tag{5-42}$$

GM(1, 1)模型的白化微分方程为：

$$\frac{dX^{(1)}}{dt}+aX^{(1)}=u \tag{5-43}$$

式(5-43)中，a 为待辨识参数，也称为发展系数；u 为待辨识内生变量，也称为灰作用量。设待辨识向量 $\hat{\boldsymbol{a}}=\begin{pmatrix}a\\u\end{pmatrix}$，按最小二乘法求得 $\hat{\boldsymbol{a}}=(B^{T}B)^{-1}B^{T}y$，式中

$$\boldsymbol{B}=\begin{vmatrix}-\frac{1}{2}(X^{(1)}(1)+X^{(1)}(2)) & 1\\ -\frac{1}{2}(X^{(1)}(2)+X^{(1)}(3)) & 1\\ \cdots & \cdots\\ -\frac{1}{2}(X^{(1)}(n-1)+X^{(1)}(n)) & 1\end{vmatrix}$$

$$\boldsymbol{y}=\begin{vmatrix}X^{(0)}(2)\\ X^{(0)}(3)\\ \cdots\\ X^{(0)}(n)\end{vmatrix} \tag{5-44}$$

于是，可得到灰色预测的离散时间响应函数为：

$$X^{(1)}(t+1)=\left(X^{(0)}(1)-\frac{u}{a}\right)e^{-at}+\frac{u}{a} \tag{5-45}$$

$X^{(1)}(t+1)$为所得的累加的预测值，将预测值还原即为：

$$\hat{x}^{(0)}(t+1)=\hat{x}^{(1)}(t+1)-\hat{x}^{(1)}(t),(t=1,2,3,\cdots,n) \tag{5-46}$$

5.6 本章小结

本章介绍了系统预测模型方面的相关知识。在对系统预测进行概述的基础上，对回归分析方法、时间序列分析、神经网络、灰色预测模型进行了详细描述，为下一章内容展开打下理论基础。

第6章 基于多算法混合的呼吸周期在线预测实现

本书研究的最终目标是实现智能人工呼吸床(椅)的产品化，在向这个目标前进的过程中，需要解决的问题很多，如第4章研究的腹部托压机械通气方法的建模仿真研究和急需解决的相关临床实验用医疗设备的研发等，对于后者又包括这些设备的机械结构设计、智能控制系统开发和兼容性问题解决等。本章将提出一种基于多算法混合的时间序列在线预测算法，旨在解决智能控制系统开发的呼吸周期在线精确难题。创新地提出了司法消噪(JDN)算法，在保留数据的原始信息前提下，实现了对时间序列中数据噪声和新稳态的处理；利用经验模式分解(EMD)方法对除噪后的数据进行平稳化分解处理；结合BP神经网络、最小二乘支持向量机(LSSVM)分别对分解后的低频、高频项进行预测，实现对时间序列的在线精确预测。该算法克服了BP神经网络的高频易发散和最小二乘支持向量机的计算高耗时问题。最后，基于某患者呼吸周期序列预测进行了仿真和临床实验，结果表明：本算法能实现时间序列的在线精确预测，且误差小于单一的BP算法，耗时小于单一的LSSVM预测算法。

6.1 引 言

时间序列是动力系统演化过程的外部表现，时间序列的预测具有较强实际意义和广泛的应用环境。时间序列分析的传统方法[75,76]要求时间序列正态分布、全局平稳、残差互不相关，从而使得传统的统计学方法在时间序列中很难准确地进行分析和预测，为此人们提出了许多时间序列的非线性预测方法。基于经验模式分解(Empirical Mode Decomposition，EMD)的BP神经网络预测[77~79]能较好地处理不确定、非线性的预测问题，但BP神经网络很难处理高频IMF分量；最小二乘支持向量机(Least Square Support Vector Machine，LSSVM)[80~85]是支持向量机SVM的一种扩展，在函数估计和时间序列预测中得到了广泛应用，其在处理时间序列高频信号时能取得较好效果，但该方法处理速度比较慢，不适应在线实时预测。另外，在时间序列中无可避免掺杂着噪声，需要对原始数据进行处理，排除噪声的干扰，以便提高预测精度。

司法处理过程引入了法律制定、司法评判等手段。本章将司法处理过程引入到时间序列的消噪处理中，着重提出了一种司法消噪算法（Judicature De-Noising，JDN），实现了对时间序列的噪声和新稳态的处理，且充分保留数据的原始信息。结合经验模式分解将时间序列进行平滑化分解，并利用神经网络和最小二乘支持向量机分别对不同频率的平稳项进行在线预测，最后给出了混合时间序列算法在线预测步骤。区别于已有的 EMD-BP 预测方法和 LSSVM 预测方法，基于某患者的呼吸周期时间序列样本的在线预测仿真结果表明，该算法对于噪声干扰大、非平稳信号能较好地实现精确预测。

多算法混合时间序列预测算法针对含有噪声的时间序列数据，先提出一种新的消噪算法对数据进行预处理，去除噪声干扰，在此基础上运用经验模式分解将非平稳时间序列信号分解成高频和低频的 IMF 分量，并利用 BP 神经网络和最小二乘支持向量机分别对低频信号和高频进行预测，最后综合出最终预测值。

对于在线学习来讲，学习样本是窗式移动的，则定义学习样本为：

$$X(k) = [x(k), x(k-1), \cdots, x(k-S+1)]$$

其中，$x(k)$为第 k 个数据，S 为样本窗长度。

6.2 司法消噪算法

6.2.1 司法过程介绍

法律作为一种规范有其自身相对固定的模式。法律行为规范的固定模式，遵循着一定的逻辑结构。法律规范的逻辑结构，是指法律规范的内部要素及其相互关系。自 20 世纪 50 年代我国从苏联法学界引进“三要素说”后，法律规范的逻辑结构包含“假定”、“处理”、“制裁”的观点就一直在我国法学理论界占主导地位。

各种法律规范用于调整形形色色的社会关系。根据调整不同的社会关系的不同方式，法律规范可以分为授权性规范、命令性规范和禁止性规范。授权性规范，就是规定人们可以做出一定行为的法律规范。命令性规范，就是规定人们必须做出一定行为的法律规范。禁止性规范，就是规定人们不准做出或抑止一定行为的法律规范。法律通过规定这 3 种基本的规范，来实现法律的评价、指引、预测人们行为，保护合法行为，制裁、谴责、警戒、预防违法和犯罪行为的职能。

法律规范逻辑结构本身表明，任何一种法律要实现其职能，都具有相对稳定性，不能带有任意性，以便于人们熟悉、掌握、遵行。法律规范逻辑结构的固定模式、法律所具有的相对稳定性，使法律从产生之初就逐渐形成了一些适用上的规则：如成文法系的“法律必须遵守”、“相同的原则适用于同样的事实”；判例法系的“遵循先例”或者是“先例必须遵循”。

任何一国的法律都要付诸实施。法律实施是指法律在社会生活中的实现，包括法律的遵守和法律的适用。法律的遵守即在国家主权所及之处，任何人都必须自觉遵守所在国的法律。法律的适用即一国的国家职能机关、公职人员须正确运用法律，并对违法者实行法律制裁。司法是法律适用的一种重要形式，是指国家司法机关按法定职权和法定程序依法处理具体案件的专门活动。既然“司法”是职权法定、程序法定，法律的本身又具有指引、预测人们行为的职能，那么，对法院审理的一个具体案件，当事人和有关的利害关系人以及关注某一具体案件的人对其审理结果就能预测。具体说来，“连续性和一致性是任何一个法律制度的重要价值。相同的原则适用于同样的事实，不管所涉及的当事人是何人——同样的案例做同样的对待——对任何一个审判者来说，这是合法的重要来源。在简单案件的司法过程中，可直接适用某一法律规范，运用假定、处理、制裁三段论推理便可获得确定结果；在疑难案件中，即使无法直接适用三段论推理模式，但是可以通过法律解释的方法和法律推理来获得判决结果。这种逻辑潜含的基本预设是：法律是一个全涉的规则体系，涵盖生活的方方面面；法官的司法作用，仅仅是运用三段论推理将法律适用于案件事实；即使在法律规范没有规定时，只要运用正确的解释方法就能发现法律在这方面的真实意思，即通过法律推理获得德沃金所言的“唯一的正确答案”。由此可见，无论是简单案件还是疑难案件，在法学理论界的人士看来，司法过程都如同一台自动售货机，它以相同的逻辑适用于所有同类型的案件，相同的事实会有相同的结果[86]。

6.2.2 司法消噪原理

对含有噪声的时间序列数据须进行预处理，本节给出详细的司法消噪处理思想、过程及具体步骤，以便提高后续的预测精度。

司法通常指司法机关根据法定职权和法定程序，应用法律处理案件的专门活动。若把数据序列看成社会，数据序列中的噪声可视为犯罪分子，消噪过程看成司法过程，为此可提出类似司法过程的司法消噪算法，建立类似包括噪声评定标准，存放噪声数据的监狱，确定噪声的审判证人等的新到数据初判、可疑噪声审查、噪声确定处理、法规修订完善等消噪机制。

为了实现司法消噪功能，先定义如下函数。

1. 法规综合函数(rule synthesis function)

$$rsf(k) = \frac{1}{M}\sum_{i=1}^{M} w(i)x(k-i) \tag{6-1}$$

其中，k 为时间序列序号；M 为制定噪声法规所需的依据数据数目。立法是根据式(6-1)求得 $x(k)$ 点的法规综合指标 $rsf(k)$；$x(k-1)$ 为第 $k-i$ 个事实依据数据；$w(i)$ 是第 $k-i$ 个数据的权值，当 $w(i)$ 都为 1 时，综合函数 $rsf(k)$ 即为 k 之前 M 个数的平均值函数，得到所有事实依据的平均综合作为立法的基准。M 值应适当选择，过大会导致法律过于宽松，反之则过于苛刻，因此应根据实际数据序列特性来确定其大小。

2. 数据接受函数(data receiving function)

$$drf(\lambda,k) = \begin{cases} 1, x(k) \in [(1-\lambda),(1+\lambda)]rsf(k) \\ 0, \quad \text{其他} \end{cases} \tag{6-2}$$

其中，λ 为违法因子，其建立在立法基准之上，λ 值的选择很重要，具体选择方法将在后面给予讨论。当 $drf(\lambda, k)$ 为 1 时认为新数据为正常数据予以接受，否则视为噪声。

3. 数据替代函数(data substitute function)

$$dsf(k) = \alpha \cdot rsf(k) = \alpha \cdot \frac{1}{M}\sum_{i=1}^{M} w(i)x(k-i) \tag{6-3}$$

其中，α 为替代数据产生因子，很显然 $\alpha \in [1-\lambda, 1+\lambda]$。当新数据点

被判定为噪声时，为维持时间序列完整，需要根据数据替代函数产生新数据进行替换。

类似公司有犯罪员工进监狱需要招聘新替代员工，司法消噪算法里存在替代数据问题。当一个数据被确定为噪声后，如果仅仅单纯地删除噪声，则必定减少了时间序列的长度，所以必须建立一个新的数据来替代该噪声而维持原数据的长度和特征。

4. 法规修订驱动函数(rule emending driving function)

$$redf(k)=\begin{cases}1,s(k)\geq N\\0,s(k)<N\end{cases}\tag{6-4}$$

其中，$s(k)$为包括第k个数据在内的连续出现噪声的数据总数；N为最大举证数据数目。当$s(k)\geq N$时，表明连续出现的噪声过多，则现有的法规已不能适应当前的发展方向，需要驱动法规修订工作，以完善噪声评定机制。

5. 数据临时监狱(data temporary prison)

$$dtp(k)=\{x(k-1),x(k-2),\cdots,x(k-l)\},l\geq N\tag{6-5}$$

其中，l为监狱中存储的数据数目。数据临时监狱用来存放可疑噪声数据和伪证数据。由于最大举证数据数目为N，所以数据临时监狱里的数据数目不会大于N。

下面给出具体的司法消噪算法的功能框图和执行流程如图6.1、图6.2所示。

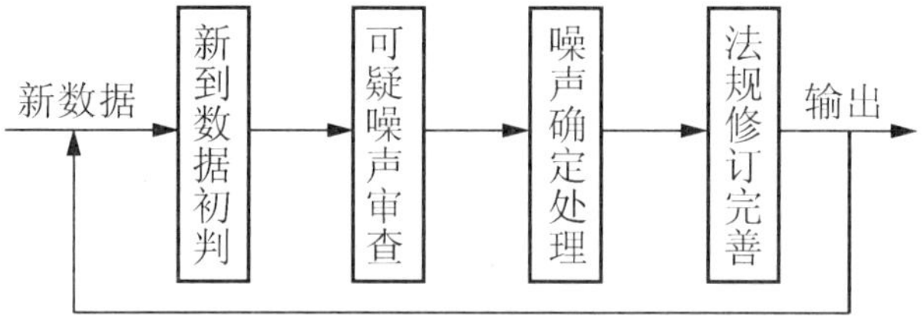

图6.1 司法消噪算法的功能框图

(1) 新到数据初判。

如果$drf(\lambda, k)=0$，当$l=0$时，$x(k)$作为嫌疑数据进入数据临时监狱$dtp(k)$，等待审查，否则作为举证数据进入到$dtp(k)$，等待审查，同时寻找替代数据$dsf(k)$以保证数据序列的完整性；如果$drf(\lambda, k)=1$时，当$l=0$

时，则结束对当前数据的观察，重新回到初判，否则作为证人进入 $dtp(k)$，等待审查。

（2）可疑噪声审查。

如果 $drf(\lambda, k)=1$，表明证据确凿，进入噪声确定处理；如果 $drf(\lambda, k)=0$，如 $l<N$，表明证据不足，需等待更多的证据，此时该数据将被视为可能作伪证的数据进入 $dtp(k)$ 进行监控，并寻找替代数据 $dsf(k)$，若 $l=N$，表明法规已不适合当前的发展，新的稳定状态已出现，进入噪声确定处理。

（3）噪声确定处理。

如果 $drf(\lambda, k)=1$，清空 $drf(k)$；如果 $l=N$，将 $dtp(k)$ 里的数据恢复到其在数据序列的位置，同时启动法规修订驱动函数 $redf(k)$，进入法规修订完善。

（4）法规修订完善。

在一个新的正常数据到来后，会对法律进行完善，这种完善动作相对比较小。当新稳态到来时，通过 $rsf(k)$ 和 λ 对法规进行修改完善，以适合新的发展。

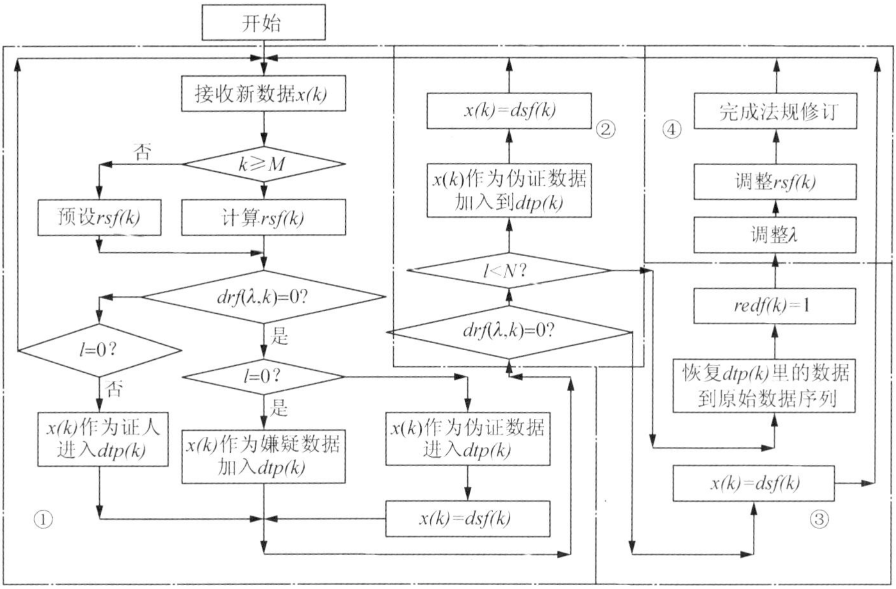

图6.2 司法消噪算法执行流程

注：①新到数据初判 ②可疑噪声审查 ③噪声确定处理 ④法规修订完善

6.2.3 关键参数优化选取方法

λ 值与消噪的效果有很直接的关系，当 λ 值较小时，一些正常数据也有可能被处理，破坏了数据的原始特征；当 λ 值较大时，一些噪声数据有可能被列为正常数据，使得消噪不完全。

以某患者呼吸时间周期序列为例，样本长度为300，取 M 为3，N 为3，α 为1，$rsf(k)$ 为平均值函数，观察不同 λ 值下的各指标的变化曲线，见图6.3所示。实线表示噪声数目，虚线表示新稳态数目，点划线表示可疑或伪证数据数目，由图可知，当 $\lambda=0.065$ 时，噪声数据数目达到最大值时，此时新稳态数目也同时回到一个低水平状态，符合实验测试时的少跳跃实际情况，因此当 λ 的取值使得噪声数据数目达到峰值时，不仅保留了实际数据序列特征，且充分消除了噪声干扰。

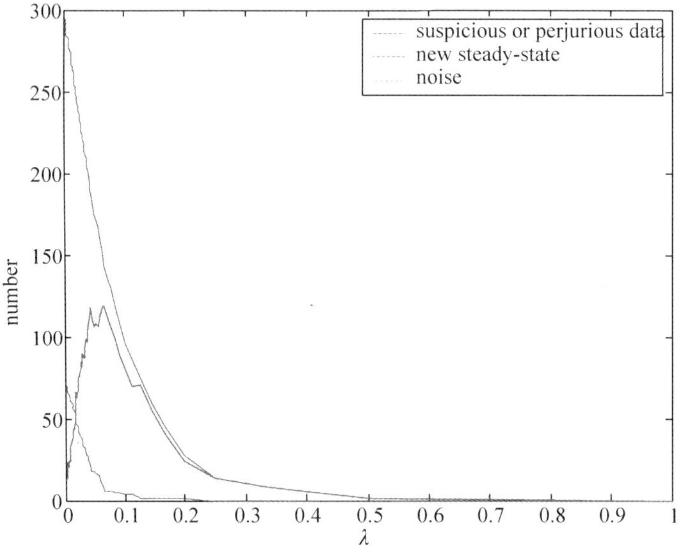

图6.3 不同 λ 值下的各指标的变化曲线

6.2.4 仿真结果

以6.2.3节中用到的某患者呼吸时间周期序列作为仿真对象，由图6.3可知，当 $\lambda=0.065$ 时，消噪效果达到最佳，此时消噪后的数据既有效地消除了噪声数据，又允许了新稳态的存在。图6.4、图6.5、图6.6分别为 λ 取0.065、0.1、0.01时的消噪前后数据序列对照图。

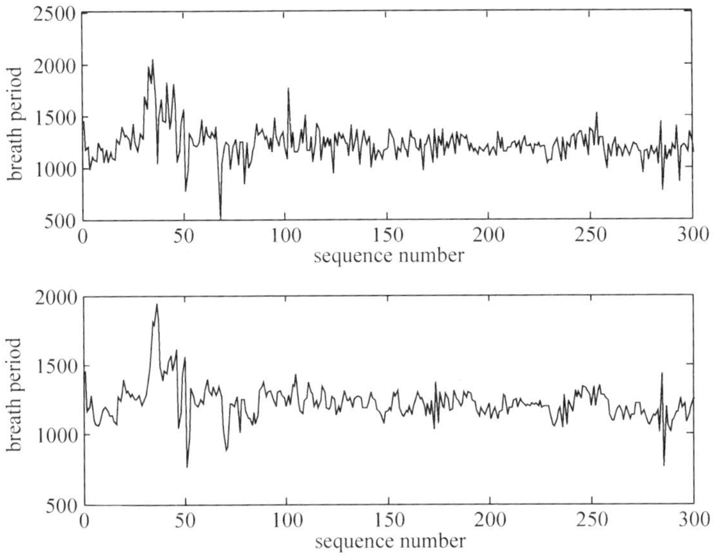

图6.4　λ取0.065时的消噪前后数据序列对照图

注：上图为原始数据曲线　下图为消噪后的数据曲线

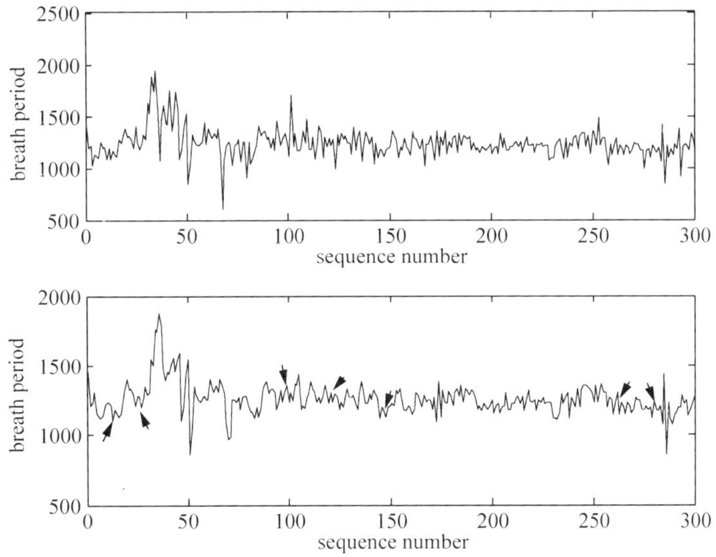

图6.5　λ取0.1时的消噪前后数据序列对照图

注：上图为原始数据曲线　下图为消噪后的数据曲线

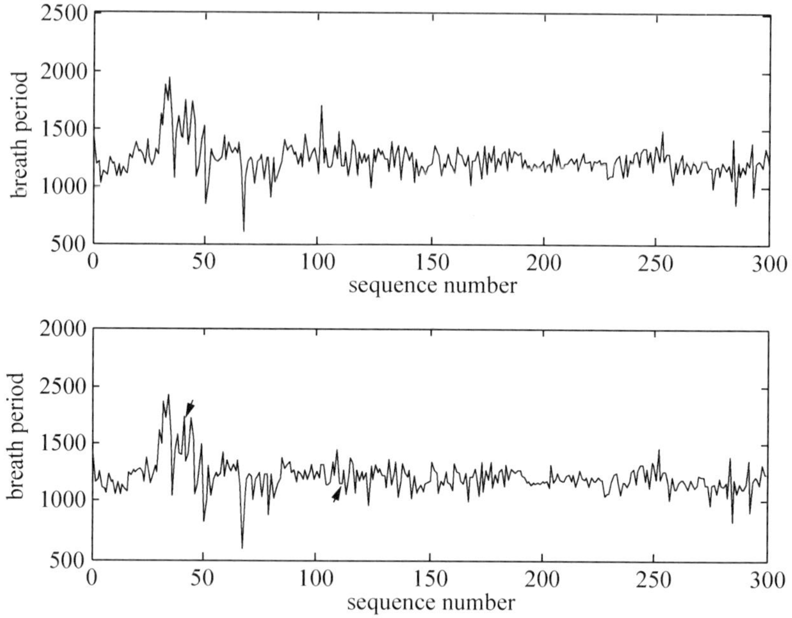

图6.6　λ 取0.01 时的消噪前后数据序列对照图

注：上图为原始数据曲线　下图为消噪后的数据曲线

按照6.2.3 节提出的关键参数 λ 的选取方法，对该呼吸时间周期序列进行司法消噪算法预测。当 $\lambda=0.065$ 时，消噪效果最好，从图6.4 可以看出，消噪后的数据比消噪前的毛刺减少，同时呼吸周期变化趋势明显；当 $\lambda=0.1$ 时，由数据接收函数表达是可知，此时数据接收域增大，许多噪声(红色箭头标记)将被列为正常数据而存在，消噪效果相对较差；当 $\lambda=0.01$ 时，由数据接受函数表达式可知，此时数据接收域减小，多组连续出现的噪声(红色箭头标记)将被列为新稳态而存在，消噪效果相对较差。

作为比较，本书同时进行了傅里叶变换法消噪仿真实验(下一步将与自适应卡尔曼滤波等其他方法进行比较)。傅里叶变换[87]是最基本也是最常用的信号处理方法。若令 $\{a_t: t=\cdots, -1, 0, 1, \cdots\}$ 表示一个实值变量的无限序列，那么傅里叶变换是一个由下式定义的复值函数：

$$A(f)=\sum_{t=-\infty}^{\infty} a_t e^{-i2\pi ft} \tag{6-6}$$

其中，$-\infty < f < +\infty$ 是一个称为频率的实值变量。对于 $f>0$，由 $\cos(2\pi fu)$ 和 $\sin(2\pi fu)$，$-\infty < u < +\infty$ 定义的关于 u 的函数称为关于频率 f 的正弦曲线，这里频率表示 u 从0变化到1时，正弦的循环次数或百分比数。由欧拉公式可得：

$$e^{-i2\pi fu} = \cos(2\pi fu) - i\sin(2\pi fu) \tag{6-7}$$

这里 $|f|$ 表示当 u 从0变到1时函数的实部和虚部循环了多少次。直观地，$A(f)$ 可以看成是一个尝试，即序列 $\{a_t\}$ 与 $\{e^{-i2\pi fu}\}$ 相互匹配得如何，$|A(f)|$ 越大，匹配越好[88]。

傅里叶变换的原理是将原始信号 $a_{raw}(n)$ 表示成不同频率的正(余)弦波的叠加[89]，即

$$a_{raw} = a(n) + e(n) \tag{6-8}$$

长期信号 $a(n)$ 可以看成主要由低频信号构成，而噪声信号 $e(n)$ 可以看成主要由高频信号构成。通过傅里叶变换可以找到构成序列的显著正弦曲线频率。

在对原始信号进行傅里叶变换的基础上可用滤波器对序列进行处理，滤掉高频信号，即可得到 $\hat{a}(n)$——长期信号 $a(n)$ 的估计。这种滤波器也称为低通过滤器(A Low - Pass Filter，LPF)。滤波器实质上是与目标序列求卷积的序列，如下式：

$$a * b_t = \sum_{u=-\infty}^{\infty} a_u b_{t-u}, t = \cdots, -1, 0, 1, \cdots \tag{6-9}$$

其中，$\{b_t\}$ 即为滤波器，$\{a * b_t\}$ 则为滤波后的结果。

Matlab 的信号处理工具箱[90,91]提供了方便的傅里叶变换函数和滤波器函数，本书用快速傅里叶变换 *fft*() 函数对该呼吸时间周期序列进行傅里叶变换，结果显示该序列主要由频率为200Hz以下的正弦波构成，尤其是频率为100Hz以内的正弦波。实验选择了 butter 滤波器，信号通带选择了频率为(0.1Hz，100Hz)的区间。图6.7为司法消噪和傅里叶变换消噪结果对照，“+”实线为原始数据数据，点划线为司法消噪处理后的数据曲线，虚线为傅里叶变换消噪处理后的数据曲线。

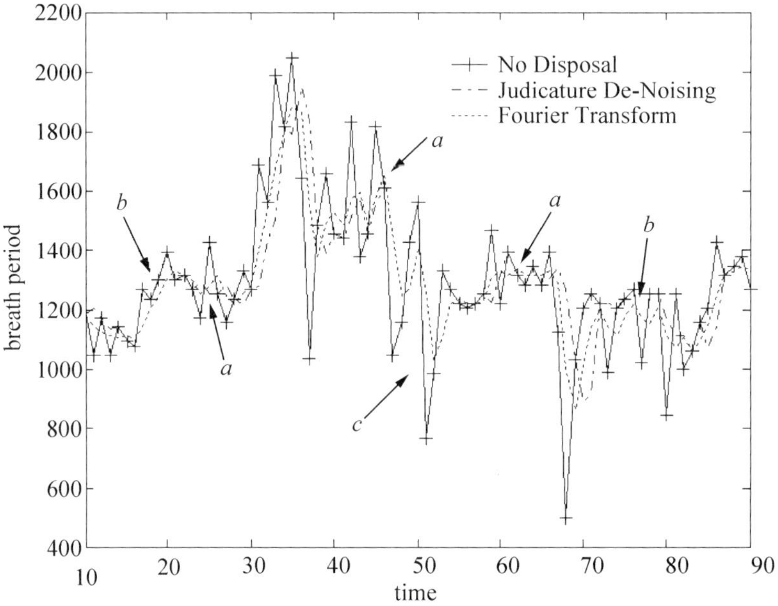

图 6.7　司法消噪和傅里叶变换消噪结果对照

对于司法消噪算法，图中标记为“a”的部分为噪声处理段，“b”为正常数据保留段，“c”为新稳态处理段。下面分别以 a、b、c 这 3 种类型的数据段为研究对象，就司法消噪算法与傅里叶变换消噪算法之间的异同进行比较：

（1）噪声处理段。a 段原始数据波动较大，此时司法消噪算法认为存在噪声干扰，从而对原始数据进行了平滑消噪处理，由图可知两算法处理结果基本相近，说明司法消噪算法具有普通的降噪功能。

（2）正常数据保留段。b 段原始数据波动较小，此时司法消噪算法认为噪声干扰微小或不存在噪声干扰，因此对原始数据不作任何处理，保留了原始数据的特征，而傅里叶变换消噪属于全局性处理方法，因而也对此段数据做了平滑降噪处理，破坏了数据具有的原始特征。

（3）新稳态处理段。c 段原始数据具有一个显著特点：在急剧下降后缓慢上升，因此司法消噪算法把该上升过程看作为一个新的稳态进行了数据保留处理，而傅里叶变换消噪则对其进行了平滑消噪处理，数据新稳态特征信息遭到破坏。

对呼吸周期时间序列长期变化趋势的研究发现，药物、心理、身体因素引起的陡升陡降是重要的呼吸周期变化信息，但这种变化的频率与噪声的频率很难分辨，因此要加上对呼吸周期的变化幅度的考虑，才能更好地确定有用信息。由于滤波器的效果跟滤波器的选择及滤波器的输入参数有关，而这些选择可能会由于真实时间序列的波形复杂而很难确定，由于呼吸周期不是按时期长度一致原则形成的时期数列，属于时期长度不等指标数值编成的时期数列，因此这种消噪方法使用起来较复杂。针对信号处理消噪方法的不足，将司法处理过程引入到时间序列的消噪处理中，提出的一种包含有新到数据初判、可疑噪声审查、噪声确定处理、法规修订完善等消噪机制的司法消噪算法，实现了对时间序列的噪声和新稳态的处理，且充分保留数据的原始信息，原理简单且易于操作。

6.3 多种预测算法

6.3.1 经验模式分解 EMD 算法

在经过 6.2 节的消噪处理之后，虽然能在一定程度上提高神经网络预测精度，但其处理能力仅限于低频信号。对于诸如患者呼吸等时间周期序列，不仅含有周期性的低频正常信号，而且具有高频噪声信号，本节利用 EMD 方法对混合频率信号进行平稳化分解，得到不同频段的 IMF 分量。

EMD 方法[92~96]从本质上讲是对一个信号进行平稳化处理，其结果是将信号中不同尺度的波动或趋势逐级分解出来，产生一系列具有不同特征尺度的数据序列，每一个序列称为一个固有模态函数 IMF。

IMF 分量必须满足下面两个条件：一是其极点数和零点数相同(或最多相差一个)；二是其上下包络线关于时间轴局部对称。

该方法的原理是：根据固有模态信号的定义，首先找到信号 $X(k)$ 的所有局部极大值和局部极小值，用三次样条插值分别连接所有极大值点和所有极小值点，形成信号的上包络线和下包络线，使信号的所有数据点都在两包络线之间，然后求出两包络线的平均值 m_1，再用 $X(k)$ 减 m_1 得到 h_1，即

$$X(k) - m_1 = h_1 \tag{6-10}$$

这里，h_1 还不是一个 IMF，筛分过程主要有两个目的：消除一些附加的波；使波的轮廓更对称。为此，筛分过程可以被重复多次，第 2 次筛分时 h_1 被作为分解数据，即

$$h_1 - m_{11} = h_{11} \tag{6-11}$$

重复筛分过程 m 次，直到 h_{1m}满足 IMF 的条件，此时

$$h_{1(m-1)} - m_{1m} = h_{1m} \tag{6-12}$$

筛分出的第一个 IMF 表示为

$$c_1 = h_{1m} \tag{6-13}$$

一个信号可以由多个 IMF 组成，可以从信号中先将 c_1 分离出来，即

$$X(k) - c_1 = r_1 \tag{6-14}$$

然后将 r_1 作为分解数据，再重复以上的筛分过程得到 c_2，即

$$r_1 - c_2 = r_2 \tag{6-15}$$

这个过程可以一直重复，即

$$r_{n-1} - c_n = r_n \tag{6-16}$$

直到满足如下条件之一时，分解过程可以结束：r_n 或 c_n 小于给定值；r_n 成为单调数列，不可能再从中筛分出 IMF。最后得到

$$X(k) = \sum_{i=1}^{n} c_i + r_n \tag{6-17}$$

6.3.2 EMD 与 BP 相结合实现预测

BP 网络又称为反向传播神经网络[97~100]，通过样本数据的训练，不断修正网络权值和阈值使误差函数沿负梯度方向下降，可用于函数逼近、时间序列预测等。BP 网络具有高度非线性和较强的泛化能力，但也存在收敛速度慢、迭代步数多、易于陷入局部极小值等缺点，故在处理高频信号时效果不佳，因此在得到不同频段的 IMF 分解之后，我们利用 BP 神经网络对低频段的信号进行预测。

BP 网络预测算法描述如下：

设 BP 可为：

$$y_{BP}(k) = \sum_{j=0}^{m} V_j(k) f_j\left(\sum_{i=0}^{n} W_{ij}(k) x_i(k)\right) \tag{6-18}$$

网络权值修正采用 BP 算法：

$$
\begin{aligned}
&W_{ij}(k+1)=W_{ij}(k)+\eta\delta_{pj}(k)x_i(k)\\
&V_j(k+1)=V_j(k)+\eta e(k)f_j\left(\sum_{i=0}^{n}W_{ij}(k)x_i(k)\right)
\end{aligned}
\qquad (6-19)
$$

其中，η 为增益项；W_{ij}为连接节点 i 和 j 的权值；δ_{pj}为 j 节点 p 模式的误差项，这里误差定义为：

$$
E_i(k)=\frac{1}{2}e(k)^2=\frac{1}{2}(y_{BP}(k)-y_d(k))^2 \qquad (6-20)
$$

其中，$y_d(k)$为训练目标输出。当误差精度或循环次数要求，则结束训练，从而可进行在线预测。

$$
\hat{y}_{BP}(k+1)=\sum_{j=0}^{m}V_j(k+1)f_j\left(\sum_{i=0}^{n}W_{ij}(k+1)x_i(k)\right) \qquad (6-21)
$$

基于 EMD 和 BP 神经网络的预测模型的基本预测步骤如下：

(1) 采用 EMD 分解将非平稳信号 $X(k)$分解为不同尺度的波动或趋势，各 IMF 分量包含了信号从高到低不同频率段的成分，且各分量都是平稳的。

(2) 将各个 IMF 分量送入 BP 神经网络进行预测，对每个时间序列都力求选取最合适的隐层神经元个数，从而达到最佳的预测效果。

(3) 所有网络输出后用各个分量的预测值重构出原始信号的预测序列。

6.3.3 LSSVM 实现预测

支持向量机采用结构风险最小化准则，提高了模型的泛化能力。与 BP 神经网络相比，支持向量机不存在局部极小问题，隐层节点数的选择等问题，同时该方法不依赖于系统的数学模型，具有自学习自调整模型的特点，在处理高频信号方面比 BP 神经网络稍胜一筹[101]。

但是支持向量机在求解最优化问题时需求解二次规划，计算较为复杂。最小二乘支持向量机则在优化指标中采用了平方项，且只有等式约束，这样将二次规划问题可转化成求解线性方程组，因而简化了计算的复杂性[102~105]。

设学习样本 $X(k)$经重构后的输入输出对为 $[X_i'(k),\ y_i(k)]$，

其中：$y_i(k)=x(k-i+1)$，$X_i'(k)=[x(k-S+i),\ x(k-S+i+1),\ \cdots,\ x(k-S+i+Q-1)]$，$Q$ 为嵌入维数，$i=1,\ 2,\ \cdots,\ (S-Q)$。令 $n=S-Q$，则最小二乘支持向量机优化问题为：

$$
\begin{aligned}
&\min_{w,b,\xi}L(w,\ b,\ \xi)=\frac{1}{2}\|w(k)\|^2+\frac{c(k)}{2}\sum_{i=1}^{n}\xi_i^2(k)\\
&s.t.\ \ y_i(k)=w^{\mathrm{T}}(k)\phi(X_i'(k))+b(k)+\xi_i(k)
\end{aligned}
\qquad (6-22)
$$

其中，w 为权值向量，b 为偏置项，δ 为松弛变量。

用拉格朗日乘子法求解，有：

$$\begin{bmatrix} 0 & e^{\mathrm{T}} \\ e & \Omega + C^{-1}I \end{bmatrix}_{(n+1)\times(n+1)} \begin{bmatrix} b \\ \alpha \end{bmatrix} = \begin{bmatrix} 0 \\ Y \end{bmatrix} \tag{6-23}$$

其中，$e = [1, \cdots, 1]^{\mathrm{T}}_{1\times n}$，

$\alpha(k) = [\alpha_1(k), \cdots, \alpha_n(k)]^{\mathrm{T}}$，

$$\Omega_{ij}(k) = K(X_i'(k), X_j'(k)) = \phi(X_i'(k))^{\mathrm{T}}\phi(X_i'(k)),\ Y(k) = [y_1(k), \cdots, y_n(k)]^{\mathrm{T}} \tag{6-24}$$

上式为优化问题对应的线性方程组，可求解得 $a(k)$，$b(k)$，则预测输出决策函数为

$$\hat{y}_{\mathrm{LSSVM}}(k+1) = \sum_{i=1}^{n} \alpha_i(k)K(X_i'(k), X_n'(k+1)) + b(k) \tag{6-25}$$

其中，$K(X_i'(k), X_n'(k+1))$ 为核函数。

6.4 多算法混合呼吸周期预测

6.4.1 算法思想

结合司法消噪算法、经验模式分解、人工神经网络、最小二乘支持向量机，取长补短，可以成功地搭建时间序列在线预测模型。

多算法预测模型综合了各算法的优点，能准确快速地进行时间序列预测。利用司法消噪算法消去噪声，为预测打好基础；利用经验模式分解将数据分解为一组性能较好的固有模态函数，便于精确预测；利用人工神经网络的快速收敛性，快速预测低频、趋势项，避开预测易发散和参数难设定的高频项；利用最小二乘支持向量对神经网络不能胜任的高频项进行预测，弥补了神经网络的不足。

预测模型的数学表达式如下：

$$\begin{aligned} \hat{y}(k+1) &= \hat{y}_{\mathrm{BP}}(k+1) + \hat{y}_{\mathrm{LSSVM}}(k+1) \\ &= \sum_{i=1}^{j_{bp}} bp_i(imf_i(k+1)) + \sum_{i=1}^{j_{lssvm}} lssvm_i(imf_{i+j_{bp}}(k+1)) \end{aligned} \tag{6-26}$$

其中，$bp_i(imf_i(k))$ 为 BP 算法对第 i 个 IMF 分量的预测值；$lssvm_i(imf_i(k))$ 为

LSSVM 算法对第 i 个 IMF 分量的预测值；j_{bp}、j_{lssvm}分别为 BP、LSSVM 算法需要预测的 IMF 分量数目，显然j_{bp}与j_{lssvm}的和等于 EMD 分解后的 IMF 分量总数。

预测模型结构如图 6.8 所示。

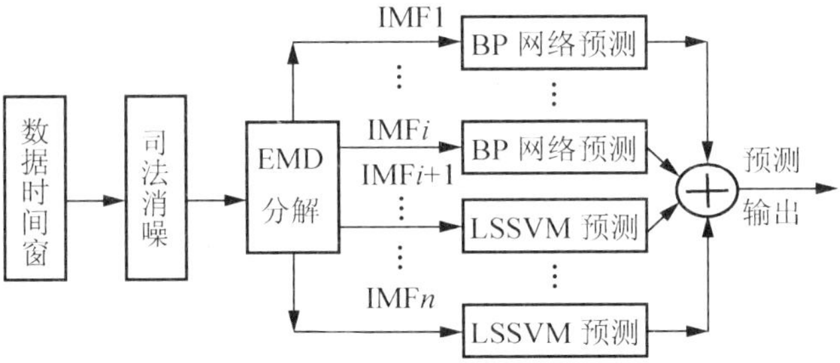

图 6.8 多算法混合预测模型

6.4.2 算法执行步骤

该模型的基本预测步骤如下：

(1) 选择合适的学习样本窗长度，使用 6.2 节中的司法消噪算法对数据进行消噪处理。

(2) 利用 6.3.1 节中的经验模式分解将消噪后的数据分解为一组固有模态函数 IMF，并按照高频、低频将它们分割为两小组。一般情况下可以采用对半分割方法，即 $j_{bp}=j_{lssvm}$或 $|j_{bp}-j_{lssvm}|=1$。

(3) 对低频组利用 BP 式(6-21)进行预测，对高频组利用 LSSVM 式(6-25)进行预测，从而得到所有 IMF 分量的预测值。

(4) 按式(6-26)综合合成各预测值，得到最终的预测结果。

(5) 移动学习样本窗，循环执行预测。

6.4.3 仿真结果

为验证所提出的综合预测算法的有效性，对某患者的呼吸时间周期序列在线预测进行了仿真，并将仿真结果与其他方法进行了比较。

仿真实验平台是新研究并加工出的新型医疗设备——智能人工呼吸床，其基于独创的同步变压位机械通气方法而设计开发，具有高效的辅助和控制通气功能。硬件上采用 Honeywell AWM720P1 气体流量传感器，模拟量信号采集采用 NI PCI-6014，动作输出采用 Panasonic 高精度伺服电动机，电动机控制器采用的是 Advantech PCI-1240 四轴步进/伺服控制卡；软件上借助 Visual C ++6.0 编程环境，实现了良好的人机操作界面和智能控制功能。

仿真对象为通过该呼吸床采集的某患者一段时间内的吸气时间序列，长度为273，学习样本是窗式移动的。司法消噪算法各参数设置为：M 为 3，N 为 3，替代数据产生因子 α 为 1，立法综合函数 $f(k)$ 为平均值函数；经验模式分解采用三次样条插值算法求上、下包络线；人工神经网络选择三层 BP 前馈型神经网络，输入节点数 6，隐层节点数 12；最小二乘支持向量机采用高斯型径向基核函数。

定义预测误差为：

$$e_p(k+1) = x(k+1) - \hat{y}(K+1) \tag{6-27}$$

以预测均方根误差(Root Mean Squared Error，RMSE)和单步预测耗时作为评测标准。预测均方根误差定义为：

$$RSME = \sqrt{\frac{1}{R}\sum_{k=1}^{R}(e_p(k))^2} \tag{6-28}$$

其中，R 为预测样本数。

对经过司法消噪后的数据序列实行 EMD 分解，共得到 9 个 IMF 稳定分量，如图 6.9 所示，其中包括 8 个波动项。为了验证司法消噪算法的效果，对原始数据序列也进行了 EMD 分解，却得到 9 个波动项，如图 6.10 所示，说明消噪效果显著，减小了其中的干扰项。

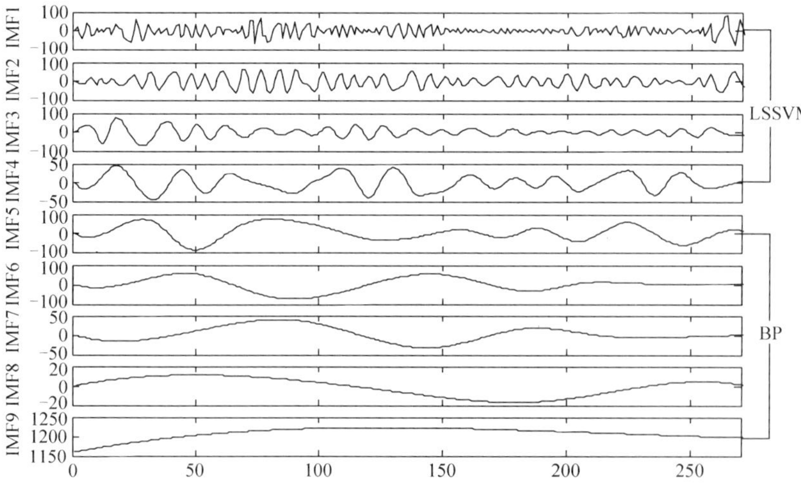

图 6.9　司法消噪后数据序列的 EMD 分解图

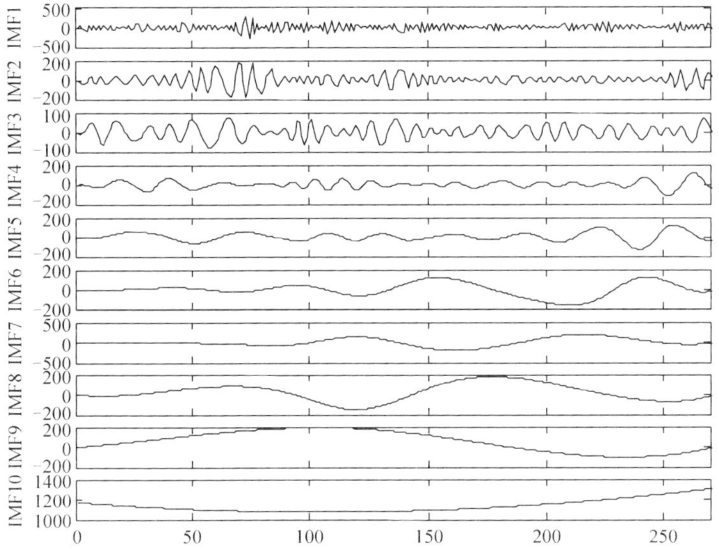

图 6.10　原始数据序列的 EMD 分解图

原始数据序列经过司法消噪、EMD 分解后，得到了如图 6.9 所示的 9 个 IMF 分量，分别利用最小二乘支持向量机对 IMF1-4 高频分量、BP 神经网络对 IMF5-9 低频分量进行预测，各分量预测结果如图 6.11 所示。

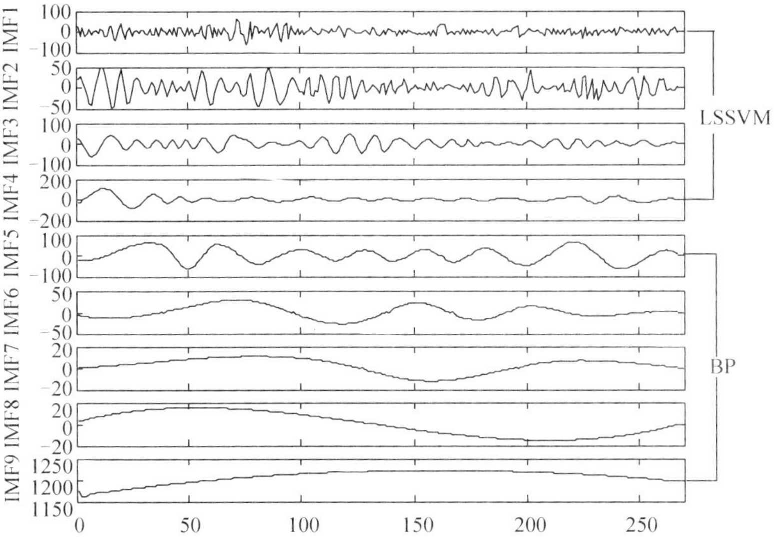

图 6.11　BP、LSSVM 对各 IMF 分量的预测值

各分量预测误差如图 6.12 所示。

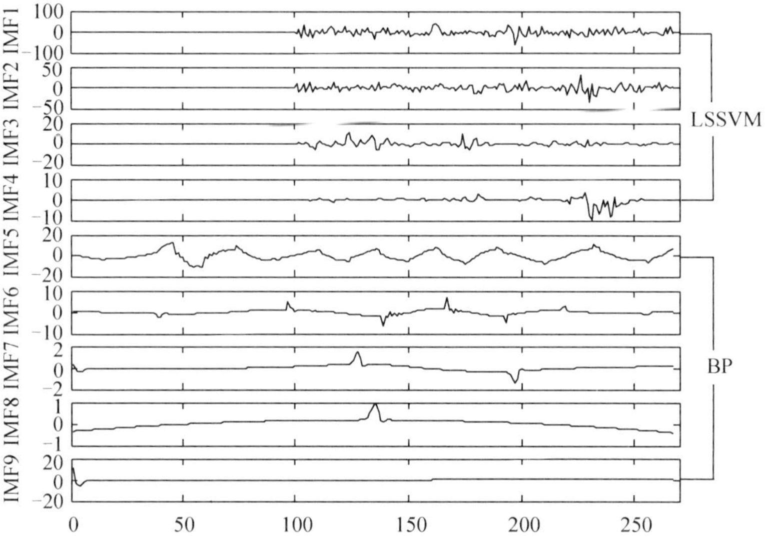

图 6.12　BP、LSSVM 对各 IMF 分量的预测误差

对各分量综合计算，得到呼吸周期数据序列最后预测结果，如图 6.13 所示。

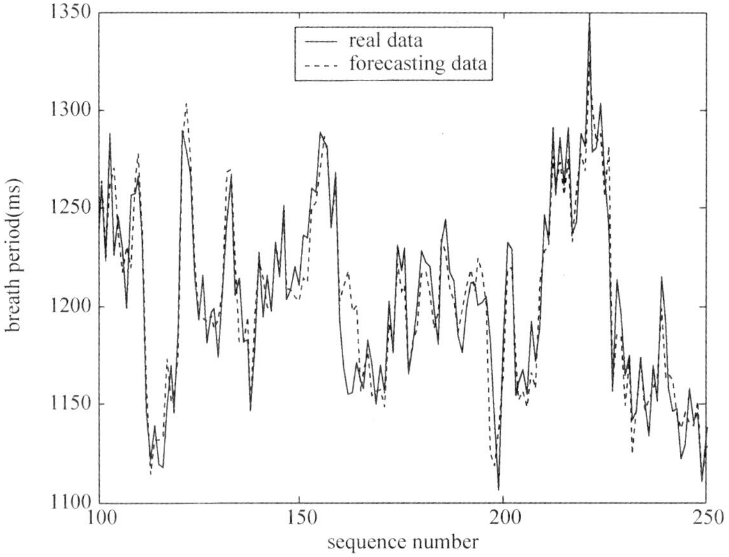

图 6.13　多算法混合预测模型真实值与预测值对照

预测误差百分比如图6.14所示。

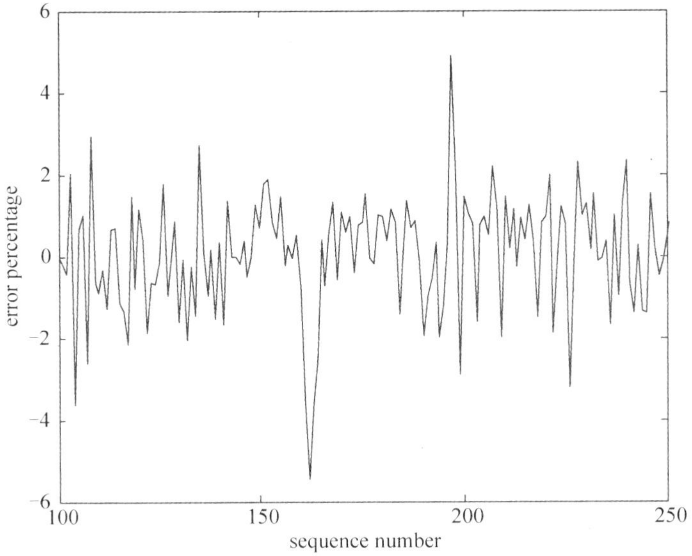

图6.14　多算法混合预测模型预测误差百分比

为了进一步说明司法消噪算法消噪功能强、BP神经网络收敛快、LSSVM高频适应性强、多算法混合预测模型效果好，本书同时分别采用了LSSVM + BP + EMD、LSSVM + EMD、BP + EMD进行呼吸周期预测，各预测模型的评测标准对照见表6－1。

表6－1　几种预测模型评定标准对照

序号	预测模型	均方根误差(ms)	单步预测耗时(ms)
1	LSSVM + BP + EMD + JDN	17.0	133.7
2	LSSVM + BP + EMD	23.6	110.0
3	LSSVM + EMD	22.1	320.2
4	BP + EMD	50.6	43.5

由表6－1可得到如下结果：

(1) 对比算法1和2，单步预测耗时相近，但算法1均方根误差较小，说明了司法消噪的优越消噪性能。

(2) 对比算法2和3，均方根误差相近，但算法2的单步预测耗时要远小于算法 3，表明了 BP 网络预测的快速性。

（3）对比算法 2 和 4，由于算法 2 使用 LSSVM 处理高频波动项，使得均方根误差小于只使用 BP 网络的算法 4，显示出了 LSSVM 在处理高频波动项的优越性，但对比单步预测耗时，肯定了 BP 网络预测的快速收敛性。

从图 6.13、图 6.14 中可以看出该预测模型能准确地实现数据序列预测，预测误差百分比基本控制在正负百分之 2 以内，均方根误差为 17.0，小于其他预测模型。图 6.15 为缺少司法消噪算法的预测模型的误差百分比，预测误差稍大于加入司法算法的模型，均方根误差为 23.6，特别是后段数据的预测效果较差。图 6.16 为结合经验模式分解和最小二乘支持向量机预测模型的预测误差百分比，预测效果与缺少司法消噪算法的预测模型较为接近，但是该模型的单步预测耗时为 320.2ms，明显大于多算法混合模型，原因是后者中的低频和趋势项的预测采用了收敛快的 BP 神经网络，因此更适应于在线高精度数据序列预测。图 6.17 为结合经验模式分解和 BP 神经网络预测模型的误差百分比，均方根误差为 50.6，要大于其他各种模型，但其也有优点：单步预测耗时是 43.5ms，远小于其他模型，因此可以用于低精度、高反应速度的预测系统。

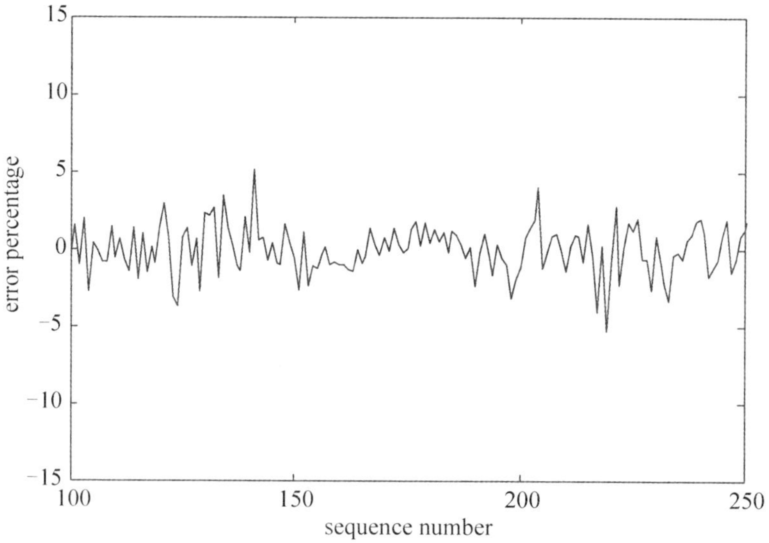

图 6.15　缺少 JDN 的多算法混合预测模型预测误差百分比

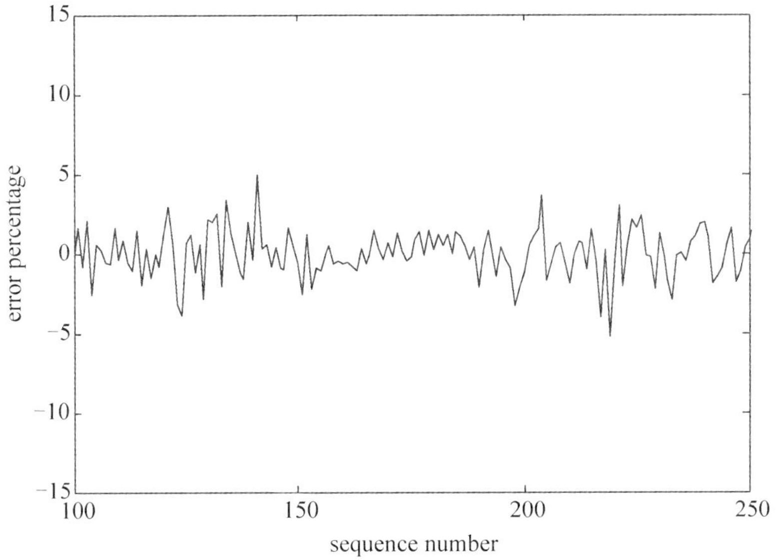

图6.16　LSSVM 和 EMD 预测模型预测误差百分比

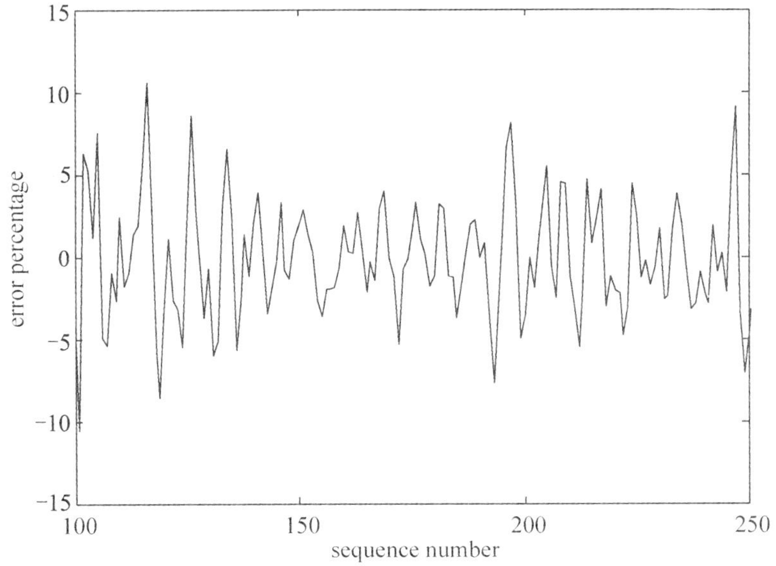

图6.17　BP 和 EMD 预测模型预测误差百分比

6.5 本章小结

针对噪声干扰大、全局非平稳时间序列预测问题，本章提出了综合司法消噪算法、经验模式分解、BP 神经网络、最小二乘支持向量机的多算法混合预测算法。

模拟司法过程定义了性能指标，提出的消噪算法能实现高效消除非平稳复杂时间序列中的噪声。所给出的综合预测算法还利用 EMD 算法的平稳化分解，利用不同方法处理不同频率的信号，克服了 BP 神经网络处理高频信号易发散和最小二乘支持向量机的计算耗时长的问题。基于某患者呼吸周期序列预测的仿真和临床实验结果表明，本算法不仅能精确地实现数据序列预测，而且收敛速度快，能实现在线高精度预测，且误差小于单一的 BP 算法，耗时小于单一的 LSSVM 预测算法。

多算法混合时间序列在线预测算法的研究为智能人工呼吸床(椅)的智能控制实现打下了基础。

第7章　腹部托压实验用床设计开发

第4章对腹部托压机械通气方法进行了建模仿真研究，得到了腹压因素与通气效果之间的规律，提出了初步优化控制方案。但建模仿真研究毕竟存在局限性，以某些假设为前提的模型建立过程使得仿真结果的正确性需要利用临床实验来确认，而实验的开展需要实验设备来支持，第6章提出的结合司法消噪算法、经验模式分解、BP神经网络、最小二乘支持向量机的多算法混合呼吸周期预测算法为实验设备的研制打下了基础。本章将提出腹部托压实验用床的实现方法，首先分别给出功能要求、硬件结构设计，最后结合多算法混合呼吸周期预测算法给出软件结构设计方案。

7.1　引　　言

临床实验的重要性众所周知，对于本书提出的同步变压位机械通气这种新方法，还需要进行系统的、全面的临床实验工作。

本书第2章中介绍了同步变压位机械通气方法的前期部分实验工作，通过具体的实验数据证明了该方法的通气效果，但是这些实验都是在如图7.1所示的比较简单、原始的实验设备上进行的，由于仪器资源有限，许多重要的生理指标都没有被记录，加之同步托压腹部和变换体位驱动都是采用手动方式，所以实验结果的准确性还有待提高，因此需要研制出能进行参数复杂、结果精确的临床实验用医疗设备，从而通过系统的实验工作弄清新的通气方法的准确通气效果、适应症、适应对象、禁忌症等。

图7.1　前期实验用设备

本章将详细阐述腹部托压实验用床的设计开发方法，具体包括以下几个方面内容。

(1) 实验用床具体功能要求。

(2) 实验用床硬件结构设计。包括硬件结构设计，使用方法和注意事项，尚需进一步完善和改进的问题。

(3) 实验用床软件结构设计。包括软件功能要求，软件总体架构，呼吸信号采集和基于多算法的预测实现，腹部托板驱动实现，实验数据存储，人机界面实现。

7.2 功能要求

根据预期临床实验实施细则，对腹部托压实验用床的功能有以下几方面的要求。

(1) 尺寸规格。满足急救用床尺寸要求。

(2) 床体角度可调。为了研究不同俯卧角度对通气效果的影响，要求床体能实现一定范围角度的连续调节。

(3) 腹部托压功能。能实现不同动作幅度、动作频率下的托压控制通气功能；能实现不同动作幅度与呼吸同步托压辅助通气功能；能实现自动复位功能；能实现呼气时托压力的下腹部到上腹部动作过程和吸气时上腹部到下腹部动作过程。

(4) 分类托压板。根据实际情况设计不同类型的托压板，例如，体态较瘦的人群应该设计有尺寸较小的托压板，较胖的人群应该设计有较大的托压板。

(5) 头部特殊处理装置。要求具有俯卧时头部特殊处理功能，一方面能让受试者方便佩戴面罩等医疗器具，另一方面能让受试者在长时间的俯卧姿态下不会感到难受；要求该装置能对不同身高人群进行调节。

(6) 防滑处理。配备有受试者身体固定装置，使得在高角度床体上托压时，受试者身体不会下滑、臀部不会上翘。

7.3 硬件结构设计

7.3.1 结构和功能

1. 床体

实验床床体主要构成图如图 7.2 所示，主要由以下 3 大块组成。

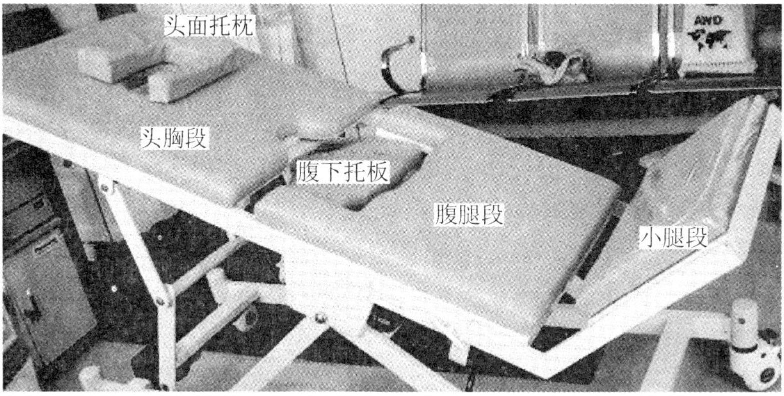

图7.2　实验床床体主要构成图

(1) 头胸段。留有椭圆形口孔，考虑便于使用呼吸器。它与中间的腹腿段构成悬腹孔，可由它的调头安装改变悬腹孔的形状(图7.3)(悬腹孔1或悬腹孔2)。可略加平移头胸段以改变悬腹孔头足向跨度尺寸。

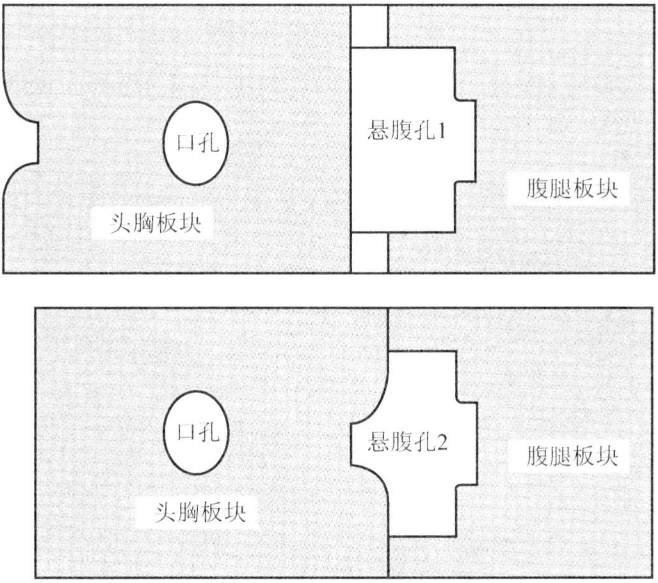

图7.3　头胸板块调头改变悬腹孔形状

(2) 腹腿段。托起患者身体的耻骨联合、髋骨和大腿部，腹部可由腹下托板托起。

(3) 小腿段。除了托起小腿之外还起到抵住身体下滑的作用，具体设计见图 7.4。

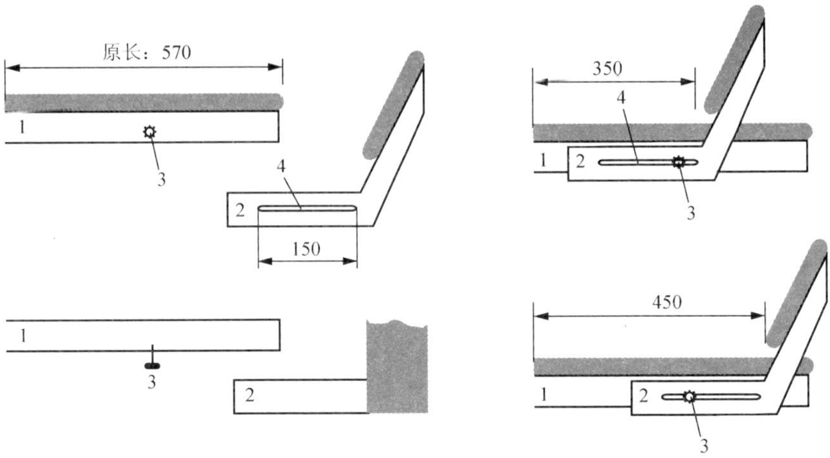

1 —床边角铁　2 -腿托边角铁　3 -固定螺栓　4 -穿螺栓条孔(长 150mm)

图 7.4　小腿段设计图

(4) 头胸段的支架下有调节床体倾斜角度手柄，可调节床体使用角度。

2. 腹下托板

腹下托板有两种类型，如图 7.5 所示，分别对应于悬腹孔 1 和悬腹孔 2。

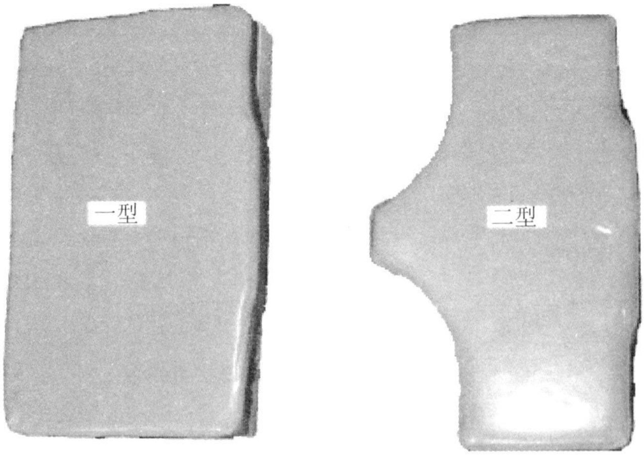

图 7.5　一型和二型腹下托板

(1) 一型腹下托板对应于悬腹孔 1，用于大多数患者使用。

(2) 二型腹下托板对应于悬腹孔 2，用于比较消瘦的凹型腹。托板上的软垫分为两种，一种较软与其他床垫相同，另一种厚度的一半为毡垫(或棕垫)较硬。目的是为了增加上托高度，供那些仰卧时腹部凹陷严重的消瘦患者选用。

(3) 附加托垫如图 7.6 所示。固定在腹下托板的靠足侧，用于从腹部侧面形成托压力，一般均应加用，但对于肥胖的大腹患者(仰卧时腹面明显凸出腹平面者)不应使用。

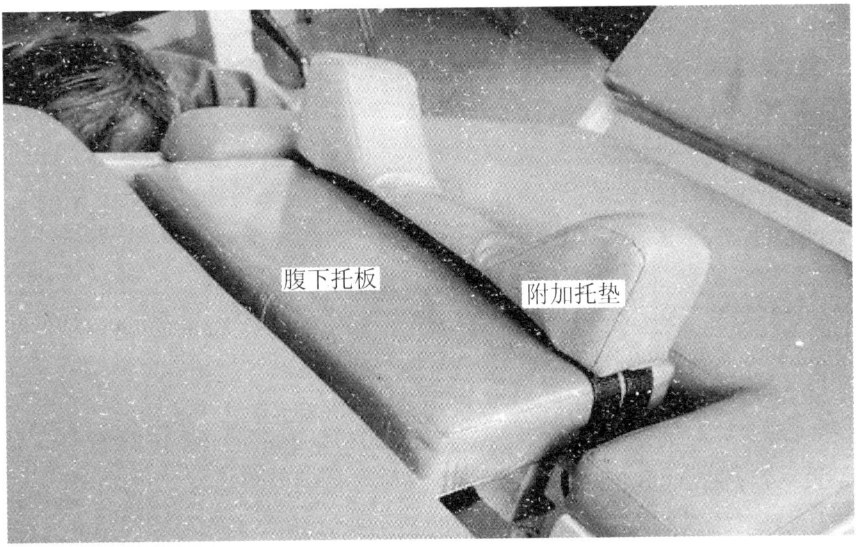

图 7.6　腹下托板上的附加托垫

3. 头面托枕

头面托枕如图 7.6 所示，用于托起头面部。托枕下面的开口方便受试者佩戴呼吸面罩。

4. 腹下托板驱动电机和减速器

采用交流伺服电机，配备高减速比减速器，安装位置如图 7.7 所示。

图7.7　电机、减速器安装位置

7.3.2　使用方法和注意事项

（1）使用人工呼吸床前应先根据患者的体型确定应使用的腹下托板类型，确定头胸段的方向、位置，调整好悬腹孔的跨度。

① 根据患者腹部情况确定使用的腹下托板：对于一般或稍胖的患者使用一型腹下托板并加用附加托垫；对于矮小、消瘦患者(仰卧时腹面明显向下凹陷)使用二型腹下托板并加用附加托垫；对于肥胖的大腹患者(仰卧时腹面向上膨出)不必使用附加托垫。

② 由于腹下托板的固定位置没能按要求设计成可以移动，影响了悬腹孔前后跨度的调节。但设计时腹下托板与床板间的缝隙约留有3cm之宽，如果感到悬腹孔的跨度偏大的话，还可稍调小一些。

（2）通过用实验规范的方法测量患者由膝盖到耻骨联合上沿的距离。

（3）令患者平俯卧到床体上，向头侧移动床体的小腿段，使小腿段挡板滑槽上的标志对准已经标定的刻度上(标定方法附后)。使用前再检查腹部位置是否合适，绝对不能使男性生殖器进入悬腹孔内！以防挤伤生殖器。

(4) 固定好上体，确定床体使用角度。用摇转床体头侧的手柄调整床头的高度，最高可使床体倾斜近30°角。在进行人工呼吸时床体倾斜度应在15°以上，增加的潮气量随角度的增加稍有增加；

注： 小腿部挡板定位的刻度标定方法：测量某一中等身材被试由膝盖到耻骨联合上沿的距离(若为40cm)，令其俯卧在实验用床上，向前调整小腿段挡板抵住膝部，使耻骨联合上缘与悬腹孔后边线对齐不能下滑。后将所测膝盖到耻骨联合上沿的距离的厘米数(40)刻录在小腿段挡板滑槽上的特殊标志(由实验者确定)处。依据该刻度做成的厘米标尺，就能对已经测得由膝盖到耻骨联合上沿距离(若为42cm)的其他患者，确定小腿段挡板应当固定的位置(从40cm处向足侧移2cm)。

7.3.3 尚需进一步完善和改进的问题

目前，加工后的实验用床已在广州呼吸疾病研究所使用。通过对已完成的部分进行临床实验分析，发现该实验用床基本能达到设计要求，能进行复杂多参数条件下的不同实验，但也存在一些问题。以下是出现的问题及其解决办法。

(1) 虽然使用了小腿段与床体的非平行设计防止患者的身体下滑，但是，长时间实验过程中的防滑功能不佳，并且受试者有不适的感觉，同时臀部的上翘没有被限制。经过后期讨论，可以采用如图7.8所示的腰腹固定带。

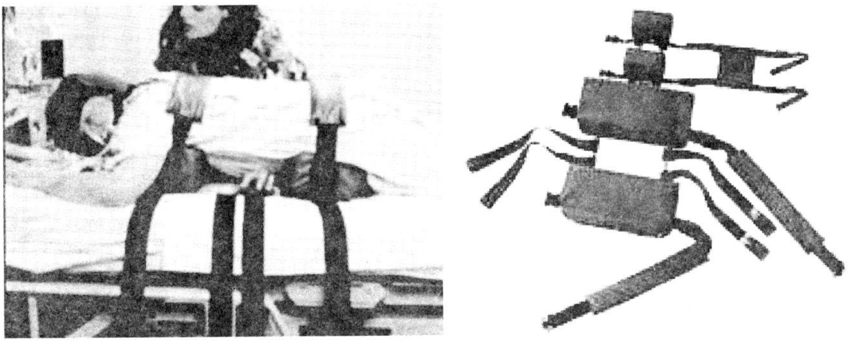

图7.8 腰腹固定带实物图

(2) 该实验用床的悬腹孔跨度的调节、腹下托板形状的选取和位置的固定都不太方便，并且不能自动选调。经后期讨论，拟采用如图7.9所示的气囊(或液囊)托压方式。

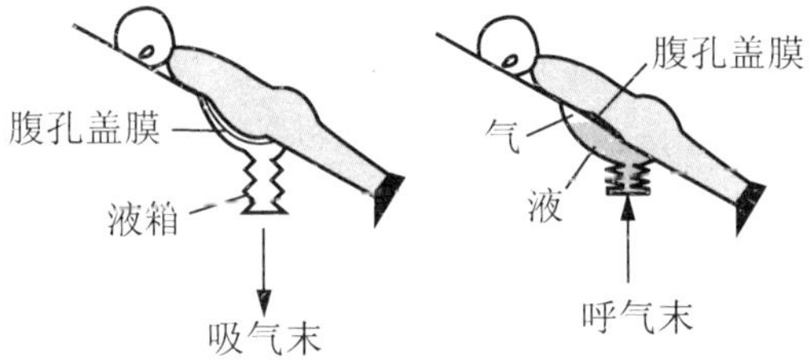

图 7.9　气囊(或液囊)托压方式

(3)头部垫枕舒适度有待提高。长时间的实验会引起受试者颈部酸痛。经后期讨论,拟采用如图 7.10 所示的可随意调节的头部托垫。

图 7.10　可随意调节的头部托垫

7.4　基于模糊自适应整定 PID 的同步控制研究

与呼吸同步技术是机械通气的一个重要环节,也是临床监护的一项重要指标。给有自主呼吸能力的患者进行辅助通气时,要求人机同步,即呼吸机的呼吸周期和辅助强度必须与病人呼吸中枢的呼吸周期以及中枢吸气努力程度一致,否则病人与呼吸机之间将发生人机对抗,出现人机不同步,影响机械通气的顺利进行,造成对病人的伤害。为实现与呼吸周期同步的控制,在上一章节实现呼吸周期预测的基础上,我们建立了腹下托板运动的数学模型,设计了基于模糊自适应整定 PID 控制器,并进行了仿真。仿真结果表明控制器具有较好的动静态性能和抗干扰性,能实现与呼吸周期同步的控制。

7.4.1 腹下托板运动数学模型建立

为实现同步变压机械通气这种新方法，我们设计了腹部托压呼吸床，其核心装置为腹部段的托板运动装置。呼吸床采用交流伺服电机控制托板运动，并配备高减速比减速器，如图 7.11。

图 7.11 腹下托板、伺服电机实物图

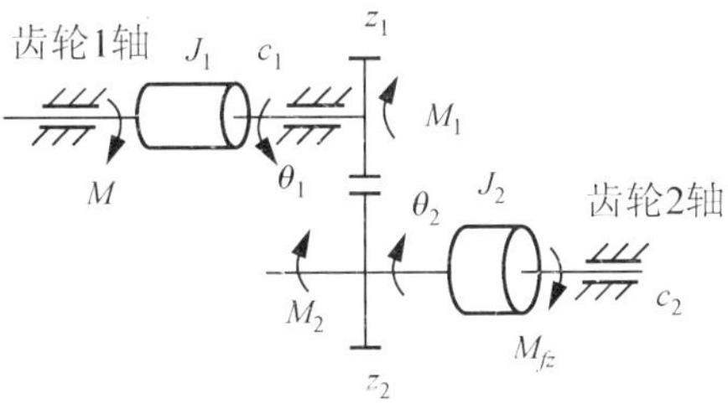

图 7.12 齿轮传动模型图

伺服控制系统的执行机构为齿轮传动，用来进行减速并扩大扭矩，模型如图 7.12 所示，为简化模型，设齿轮传动无间歇，忽略两轴及齿轮的扭转弹性形变，分别对轴 1 和轴 2 建立力矩平衡方程。

主动轴 1：

$$J_1\ddot{\theta}_1 + c_1\dot{\theta}_1 + M_1 = M \tag{7-1}$$

从动轴 2：

$$J_2\ddot{\theta}_2 + c_2\dot{\theta}_2 + M_{FZ} = M_2 \tag{7-2}$$

式中，J_1、J_2——主动轴及齿轮 1、从动轴及齿轮 2 的转动惯量；

c_1、c_2——主动轴及齿轮 1、从动轴及齿轮 2 的黏性阻尼系数；

M、M_1——主动轴及齿轮 1 上的驱动力矩和负载力矩；

M_2、M_{FZ}——主动轴及齿轮 1 上的驱动力矩和负载力矩；

θ_1、θ_2——主动轴、从动轴转角。

齿轮传动比为：

$$i = \frac{\theta_1}{\theta_2} = \frac{z_1}{z_2} \tag{7-3}$$

则：

$$\theta_1 = i \cdot \theta_2,\ M_2 = i \cdot M_1 \tag{7-4}$$

将 θ_1 和 M_2 代入力矩平衡方程式中，消去中间变量 M_1、M_2、θ_1，求得折算到从动轴 2 上的等效运动方程式为：

$$\left[J_2 + J_1\left(\frac{z_1}{z_2}\right)^2\right] \cdot \ddot{\theta}_2(t) + \left[c_2 + c_1\left(\frac{z_1}{z_2}\right)^2\right] \cdot \dot{\theta}_2(t) + M_{FZ} = M \cdot \frac{z_1}{z_2} \tag{7-5}$$

或

$$J_{ZS} \cdot \ddot{\theta}_2(t) + c_{ZS} \cdot \dot{\theta}_2(t) + M_{FZ} = M \cdot i \tag{7-6}$$

式中，$J_{ZS} = J_2 + J_1\left(\frac{z_1}{z_2}\right)^2 = J_2 + J_1 \cdot i^2$ 是系统折算到从动轴 2 上的等效转动惯量；

$c_{ZS} = c_2 + c_1\left(\frac{z_1}{z_2}\right)^2 = c_2 + c_1 \cdot i^2$ 是系统折算到从动轴 2 上的等效黏性阻尼系数。

7.4.2　模糊控制器

模糊控制是近来发展起来，并广泛运用的一种计算机智能控制。它的基本原理框图如图 7.13 所示。图中虚线部分是控制中最为关键的部分——模糊控制器，它是一种由模糊条件语句描述的语言型控制器，它的控制规律由计算机的程序实现。模糊控制系统与通常的计算机数字控制系统的主要区别就是采用了模糊控制器。控制器所采用的合成推理算法、模糊决策的方法以及模糊规则等因素决定了一个模糊控制系统的性能优劣。如图 7.14 所示为模糊控制器的组成框图。

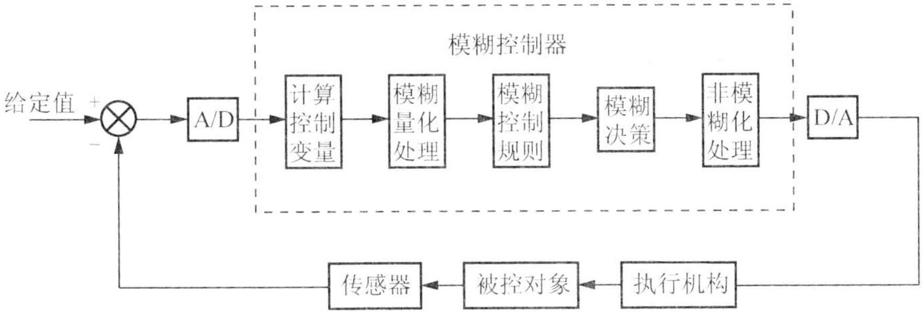

图 7.13　模糊控制的基本原理框图

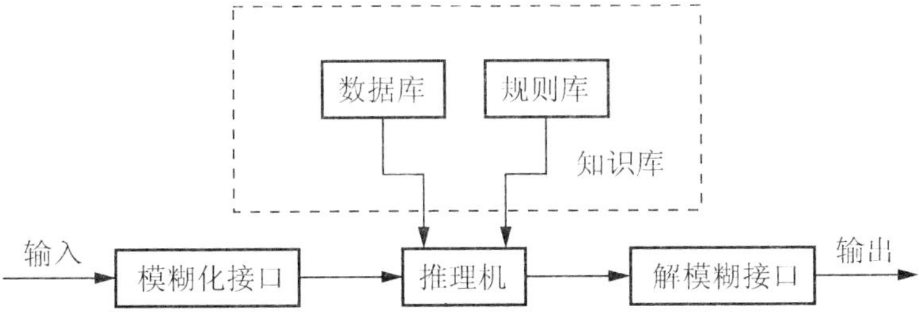

图 7.14　模糊控制器组成图

7.4.3　模糊自适应整定 PID 控制原理

1. 控制原理

自适应模糊 PID 控制[106]的结构如图 7.15 所示，它是以误差变量 ec 和误差 e 作为输入的。它在常规 PID 控制的基础上，用模糊集表示规则的条件操作，并把这些模糊控制规则和已知信息(如初始 PID 参数、评价指标等)储存到计算机中，然后运用模糊推理，即可自动实现对 PID 参数 k_p、k_i、k_d 的最佳调整。

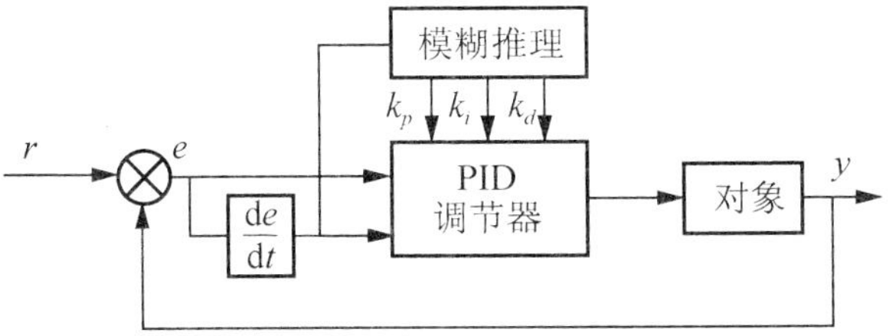

图 7.15　自适应模糊 PID 控制器结构图

2. 参数自适应整定

如何自适应的实现 PID 参数的调整是研究的主要内容。PID 参数模糊自整定是通过在线计算 e 和 ec 的值，根据模糊控制原理来对 PID3 个参数进行实时修改，以满足不同 e 和 ec 对控制参数的不同要求，然后找出 e、ec 和 PID 3 个参数之间的模糊关系，而使被控对象有良好的动、静态性能[107]。

考虑系统的稳态精度、相应速度、稳定性和超调量等因素，k_p、k_i、k_d 的作用有以下几个。

（1）比例系数 k_p 与系统的响应速度和调节精度有着直接的关系。如果增加 k_p 值，会加快响应速度，提高调节精度，但是它也会带来负面影响，产生超调，使得系统不稳定。如果 k_p 值过小，调节时间势必延长，从而影响系统静、动态特性。

（2）积分系数 k_i 的大小关系着系统稳态误差的消除快慢。增大 k_i 值，加快静态误差的消除，但 k_i 值也要适当增大，若太大，会使系统产生积分饱和现象和带来较大的超调。

（3）微分系数 k_d 关系着系统动态特性的好坏。它能够预报系统偏差变化，防止偏差变大或者变小。但过大的 k_d 会影响系统的抗干扰性能，而且系统的调节时间会延长。

k_p、k_i、k_d 这 3 个参数是有机的结合体，不能单独强调某一个参数的作用，而忽视其他参数的作用。因此，在 PID 参数整定时需要综合 3 个参数的作用。要是实现 PID 参数的模糊自整定，首先要找出常规 PID 算法的适合参数，然后不断地计算误差 e 和误差变化 ec，用已经建立好的模糊规则表进行模糊推理和参数调整。建立合适的模糊规则表是模糊控制设计中最为关键的部分，它的好坏直接关系到模糊控制的成败。它的建立需要总结专家的经验。表 7－1、表 7－2、表 7－3 是在大量实验基础上总结出来的针对 k_p、k_i、k_d 这 3 个参数的模糊控制表。

表 7－1　k_p 的模糊规则表

e \ ec (Δkp)	NB	NM	NS	ZO	PS	PM	PB
NB	PB	PB	PM	PM	PS	ZO	ZO
NM	PB	PB	PM	PS	PS	ZO	NS
NS	PM	PM	PM	PS	ZO	NS	NS
ZO	PM	PM	PS	ZO	NS	NM	NM
PS	PS	PS	ZO	NS	NS	NM	NM
PM	PS	ZO	NS	NM	NM	NM	NB
PB	ZO	ZO	NM	NM	NM	NB	NB

表 7－2　k_i 的模糊规则表

e \ ec (Δki)	NB	NM	NS	ZO	PS	PM	PB
NB	NB	NB	NM	NM	NS	ZO	ZO
NM	NB	NB	NM	NS	NS	ZO	ZO
NS	NB	NM	NS	NS	ZO	PS	PS
ZO	NM	NM	NS	ZO	PS	PM	PM
PS	NM	NS	ZO	PS	PS	PM	PB
PM	ZO	ZO	PS	PS	PM	PB	PB
PB	ZO	ZO	PS	PM	PM	PB	PB

表 7－3　k_d 的模糊规则表

e \ ec (Δkd)	NB	NM	NS	ZO	PS	PM	PB
NB	PS	NS	NB	NB	NB	NM	PS
NM	PS	NS	NB	NM	NM	NS	ZO
NS	ZO	NS	NM	NM	NS	NS	ZO
ZO	ZO	NS	NS	NS	NS	NS	ZO
PS	ZO	ZO	ZO	ZO	ZO	ZO	ZO
PM	PB	NS	PS	PS	PS	PS	PB
PB	PB	PM	PM	PM	PS	PS	PB

表中，NB = 负大，NM = 负中，NS = 负小，ZO = 零，PS = 正小，PM = 正中，PB = 正大。

k_p、k_i、k_d 的自整定方法如下：

首先定义 e 和 ec 的论域，例如，e，ec = {−5，−4，−3，−2，−1，0，1，2，3，4，5}，其模糊子集为 e，ec = {NB，NM，NS，O，PS，PM，PB}。然后，假设 e、ec 和 k_p、k_i、k_d 均服从正态分布，因此可得出各模糊子集的隶属度，根据各模糊子集的模糊控制模型和各参数的隶属度赋值表，设计 PID 参数的模糊矩阵表。最后，可由下式求得整定后的参数为

$$\begin{aligned} k_p &= k_p' + \{e_i, ec_i\}_p \\ k_i &= k_i' + \{e_i, ec_i\}_i \\ k_d &= k_d' + \{e_i, ec_i\}_d \end{aligned} \tag{7-7}$$

实际运用中，PID 参数的在线自整定是通过对模糊逻辑规则的结果处理、查表和运算来完成的。图 7.16 为 PID 参数在线自整定工作流程图，图中 $r(k)$、$y(k)$、$e(k)$、$ec(k)$ 分别为输入、输出、误差和误差变量的离散值。

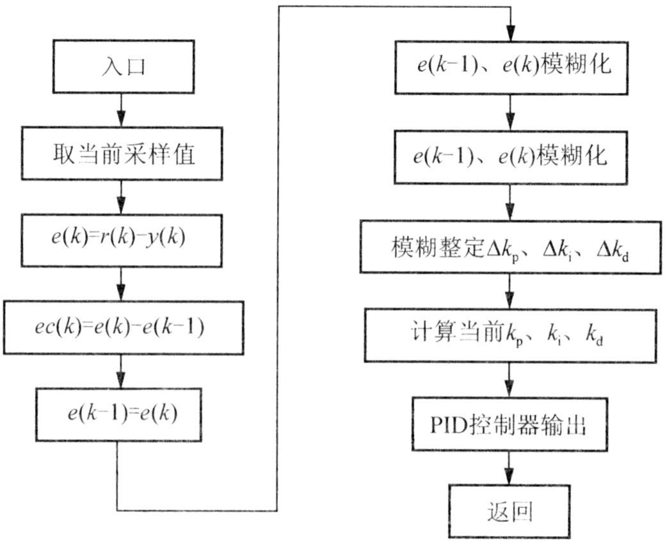

图 7.16 PID 参数在线自整定工作流程图

7.4.4 控制算法仿真

1. 控制规则的确定

利用常规 PID 控制对 7.4.1 节中的模型进行仿真，仿真平台为 Matlab7.0，得出 PID 参数 $k_p=20$，$k_d=5.7$，$k_i=0.7$，模糊 PID 的参数在此参数的基础上进行扩展，设定 k_p、k_i和 k_d的论域分别为｛3，4，5，6，7，8，9｝、｛-1.5，-1，-0.5，0，0.5，1，1.5｝、｛-0.3，-0.2，-0.1，0，0.1，0.2，0.3｝；e 和 ec 的论域为｛-3，-2，-1，0，1，2，3｝；k_p、k_i、k_d、e、ec 的模糊集都为｛NB，NM，NS，O，PS，PM，PB｝。按照参数整定规则表确定控制规则，并通过 If_ Then 语句将规则表中的规则转化为如下控制系统。图 7.17 显示系统输入为 e、ec，输出为 k_p、k_i、k_d，共包含 49 条规则。

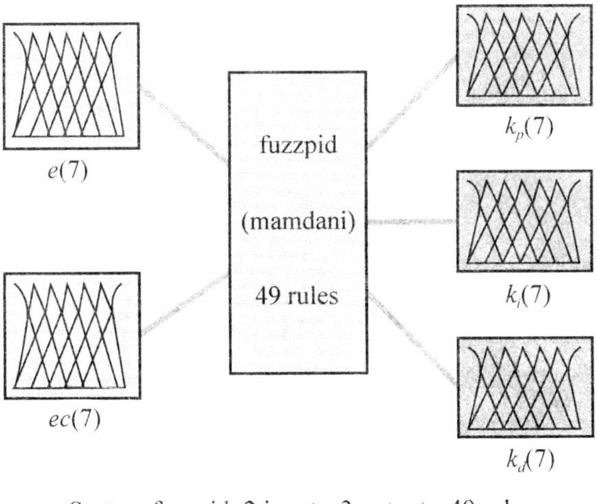

图 7.17 控制规则

2. 模糊变量隶属度的确定

模糊语言变量隶属函数的确定是在确定模糊变量 e、ec、k_p、k_i和 k_d的模糊集和论域后进行的，实际上是确定论域内元素对模糊语言变量的隶属度，就是我们常说的对模糊变量赋值。通过赋值，得到模糊变量 e、ec、

k_p、k_i和k_d的隶属函数如图 7.18 ~ 图 7.21 所示。

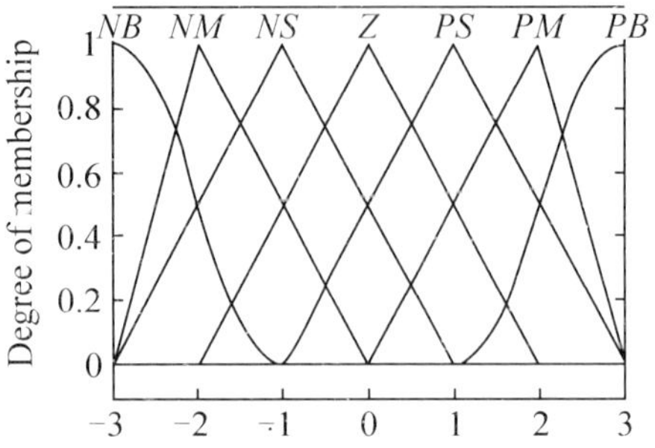

图 7.18　*e*、*ec* 隶属函数

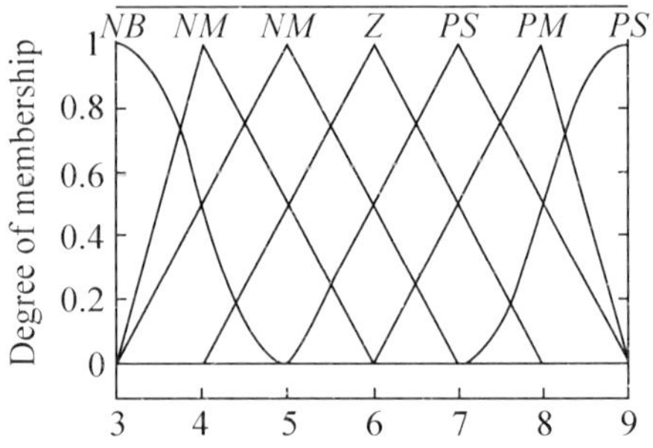

图 7.19　k_p隶属函数

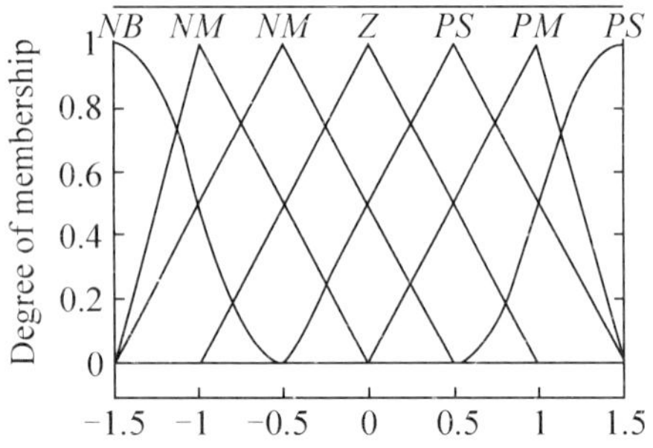

图 7.20　k_i隶属函数

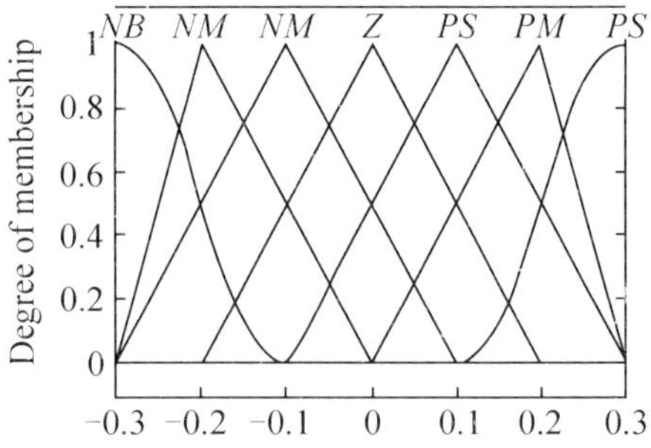

图 7.21　k_d隶属函数

3. 仿真

基于 Matlab 软件，分别运用自适应模糊 PID 控制和增量式 PID 控制对模型进行了仿真。以单位阶跃信号为输入，采样周期 $T=1$ms。根据控制系统实物大小和参数，确定模型所需参数为：$J_1=0.004$，$J_2=0.02$，$c_1=0.02$，$c_2=0.08$，$i=2$，$M_{fz}=4$。

图 7.22 是常规 PID 控制曲线图和模糊 PID 控制曲线图。从图中可以看到自适应模糊 PID 控制具有较好的控制性能，超调量小，调节时间短。

为比较自适应模糊 PID 控制器和 PID 控制器的抗干扰能力，我们在 100ms 处加上大小为 1 的干扰，仿真结果如图 7.23 所示。PID 控制器在受到干扰后在 103ms 处输出达到最大值 1.252，在 111ms 时恢复平稳；自适应模糊 PID 控制器在受到干扰后在 103ms 处输出达到最大值 1.161，在 107ms 时恢复平稳。

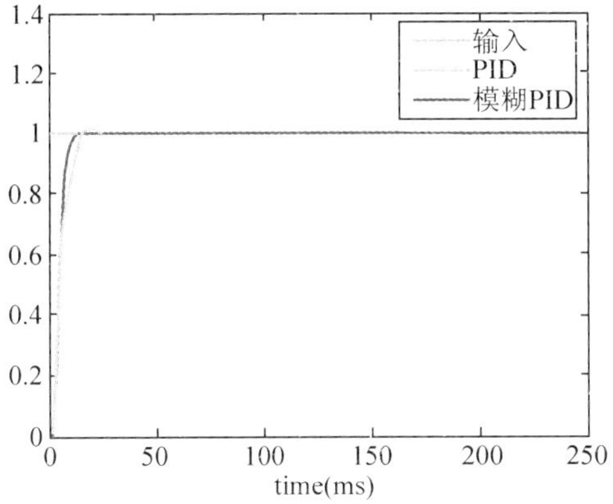

图 7.22　自适应模糊 PID 控制和 PID 控制比较

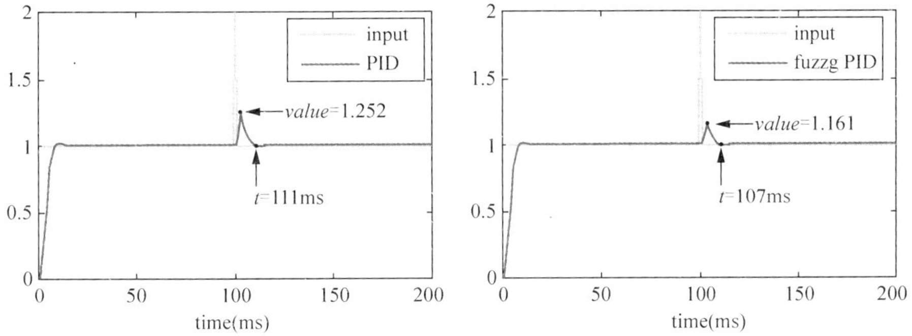

图 7.23　模糊 PID 和 PID 抗干扰比较

通过比较可看出，与 PID 控制系统相比，自适应模糊 PID 控制系统的抗干扰能力更强，发生外部扰动后，输出波动较小，且恢复平稳的速度较快，能很好地抑制外界干扰，鲁棒性能有较大提高，说明本文所设计的控制系统具有良好的适应性，具有一定的工程应用价值。

7.5　软件结构设计

7.5.1　功能要求

本节介绍腹部托压机械通气实验用床智能控制软件的设计要求。

1. 基本功能

（1）辅助通气（Assited Ventilation，AV）模式：是自主呼吸与呼吸床通气同步叠加的通气模式，呼吸频率由患者呼吸决定，并由患者触发机械通气，潮气量则由呼吸机决定。用呼吸传感器信号控制人工呼吸床，使床体腹部托板的变化幅度由潮气量测值自动调节。人工呼吸床的呼、吸动作时相分别占自主呼、吸时相的2/3；

（2）控制通气（Control Ventilation，CV）模式：指不用自主呼吸触发，呼吸床完全按照预先设定的腹压工作。当潮气量低于预先设置的值时，腹部托板的变位频率和幅度自动增大，先增幅度后增频率。托压板角度变化范围为0°～45°可调，频率6～20次/min可调。吸、呼时相比为1∶2～1∶4可调，人工呼吸床的呼、吸动作时相分别占自主呼、吸时相的2/3；

（3）控制通气模式是自主呼吸与呼吸床通气的非同步叠加。

① 同步间歇指令通气功能：可间歇呼吸次数1～5次；是呼吸床通气对自主呼吸的最佳补充。

② 间歇指令通气功能：是一般人工呼吸床功能。腹部托板角度为15°～45°可调，无停顿时间，频率6～20次/min连续可调；

③ 呼气末气道正压或连续气道正压（CPAP）。功能：可预先在呼吸机中设定PEEP水平，实践中通常使用5～15 cmH_2O PEEP。

2. 俯卧位时，同步变位与同步变压两套系统同步工作或某一系统单独工作

3. 系统控制和监测报警系统

（1）监测指标：潮气量和每分钟通气量、呼吸频率、床体变换角度和频率；

（2）自动SIMV启动功能：

① 当潮气量较理想值降低20%时；

② 呼吸频率>30次/min时。

（3）自动CV转换功能：在AV模式下遇有以下情况时自动进行转换：

① 当触发呼吸功小于正常的1/3时；

② 呼吸频率过快（大于30次/min）时；

③ 潮气量小于理想值的20%时。

（4）容量监测报警：通常在理想的每分钟通气量增加20%和潮气量减小20%时报警。

（5）呼吸暂停监测、窒息报警系统：通常在呼吸停止时间大于15s时报警。

（6）停机报警。

7.5.2 总体架构设计

依据软件设计要求，腹压通气实验用床智能控制软件系统采用模块化设计思想，以便于管理和升级。软件总体架构如图7.24所示。

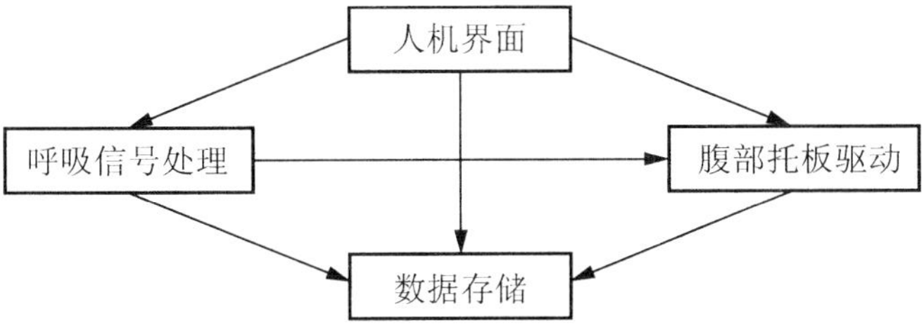

图7.24 软件总体结构图

由上图可知，软件共包括以下4个模块。

（1）呼吸信号处理模块。实现呼吸气流信号采集、滤波处理、呼吸周期计算、呼吸周期预测功能；

（2）腹部托板驱动模块。实现托板复位、托压控制通气、托压同步辅助通气功能；

（3）实验数据存储模块。实现实验数据实时存储功能；

（4）人机界面模块。实现控制输入接口、状态输出接口功能。

通过各模块相互配合工作，可以形成腹压通气实验用床的智能控制系统。软件启动后，腹部托板驱动模块自动执行复位操作，将托板回归到与床体平行，同时呼吸信号处理模块按人机界面设定任务开始工作，将采集到的气流信号进行滤波处理，计算得到呼、吸周期，并应用多算法混合预测算法对呼、吸周期进行预测；腹部托压驱动模块取得预测结果，并根据人机界面命令和呼、吸触发信号驱动托板；通过人机界面设定，人机界面模块可以对实验数据进行选择性存储。

软件编程工具采用微软公司的 Visual C ++6.0，数据库系统为 Access。

7.5.3 呼吸信号处理与多算法混合预测实现

呼吸信号处理模块为呼吸同步托压辅助通气功能实现提供了基础信息。模块的输入为呼吸气流信号，输出为呼吸触发信号、实时呼吸周期、预测周期，模块具体结构见图 7.25 所示。

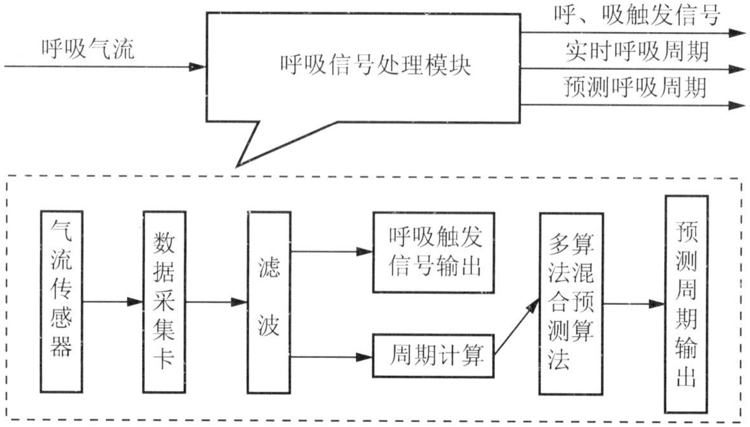

图 7.25　呼吸信号处理模块结构图

图 7.25 中的虚线部分为模块的具体实现。通过专用的医学气流传感器将呼吸气流信号转换为模拟量，并送给数据采集卡；编程读取采集卡中的数据，得到呼吸气流值；对气流信号进行粗滤波，依据呼、吸气流的正、负转换规律得到呼、吸触发信号和呼、吸周期；对实时周期进行多算法混合预测，得到预测周期值，供腹部托板驱动模块使用。

在利用多算法混合算法进行呼吸周期预测时，由于算法是以一定长度的训练样本为基础的，因此在前一小段时间里，该算法无法实现其功能，所以在呼吸同步辅助通气的这一小段时间里，我们采用了扩展的司法消噪算法去实现呼吸周期粗预测。

对第 6.2 节提出的司法消噪算法进行扩展，定义数据预测函数(data forcasting function)为

$$dff(k) = \beta \cdot rsf(k) = \beta \cdot \frac{1}{M}\sum_{i=1}^{M} w(i)x(k-i) \qquad (7-8)$$

其中，β 为预测因子。

则第 $k+1$ 个呼吸周期预测值为

$$\hat{x}(k+1) = dff(k) \tag{7-9}$$

本系统中取 $\beta<1$，则预测呼吸周期会偏小于真实周期，以达到牺牲同步避免失步的目的。

7.5.4 腹部托板驱动模块实现

腹部托板驱动模块是腹压通气控制系统的核心，实现托板自动复位、控制通气和与呼吸同步辅助通气 3 项功能。模块的输入为呼吸信号模块提供的预测呼吸周期、人机界面模块提供的控制命令和零位检测开关信号，输出为托板动作和状态信号输出，模块具体结构如图 7.26 所示。

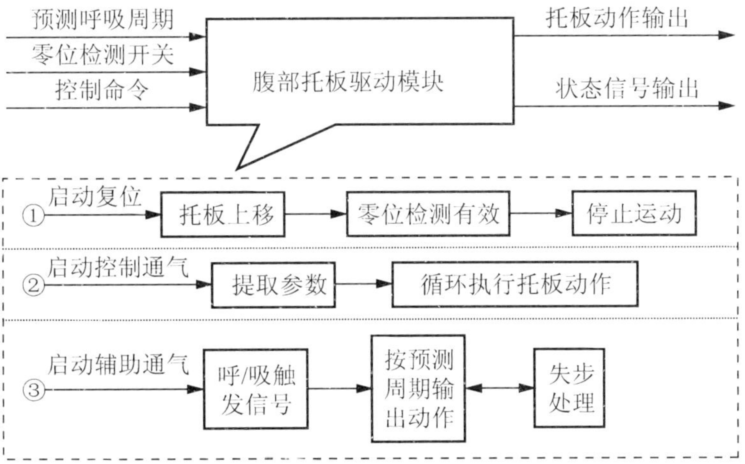

图 7.26 腹部托板驱动模块结构图

图 7.26 中的虚线部分为模块的具体实现，包括托板复位、控制通气和与呼吸通气辅助通气 3 个功能。

(1) 托板复位。在进行新的通气动作前，托板的位置是不确定的，因此需要将托板复位到与床体平行，为新的通气动作提供位置基础。为了实现目标位置检测，我们设计了带有开关的零位检测装置，该装置由两部分组成——接触片和开关：接触片固定在腹部托板上，可以随着托板的运动升降；开关固定在床体上，当托板上升到与床体平行时，接触片按下开关，实现零位信号检测。需要说明的是，尽管接触片安装在床体上，但我们采用了分体结构，使得接触片的高度可以调节，这样做的目的是为了达到通过调节接触片的位置来调节托板最高点位置的目的，满足腹部干瘪或肥大受试者的通气实验要求。

（2）控制通气。控制通气是指按照预定的腹部托板动作模式进行通气，在实际治疗中，呼吸微弱或丧失的病患者常采用该模式。为了达到托压舒适的目的，设计要求托板运动符合启停慢、中间快的特点，结合马达驱动板卡自带的S曲线加/减速运动控制方案[108]，可以建立以托板动作为输入、马达驱动板卡参数为输出的数学模型。

（3）辅助通气。辅助通气是指腹部托板的动作由患者呼吸信号触发，使得托板运动与自主呼吸同步，从而达到辅助呼吸的目的。为了实现辅助通气，首先必须准确得到呼吸周期的预测值，才能对马达进行精确控制。

在S曲线方式加/减速驱动时，加速度曲线并不是线性的。加速度的值是以梯形的方式按线性变化。图7.27为S曲线加/减速驱动加速度与速度曲线。

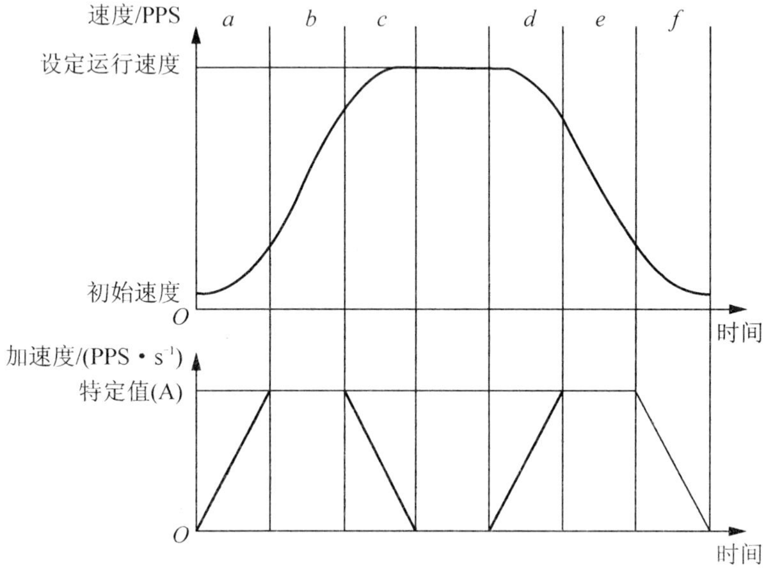

图7.27　S曲线加/减速驱动加速度与速度曲线

在加速过程中，存在3个不同加速度值的区域。在开始阶段，加速度按线性方式以一定的加速度率 K 从0增加到一个固定的值A，此时驱动速度在 a 区域是按抛物线方式增长。然后，在 b 区域中，驱动速度以一个恒定的加速度增长。而在区域 c 中，加速度按照减速率 K 线性减至 0。这样，S 曲线的加速过程就分为 a、b、c 3 个区域。在减速过程中，同加速过程一样，驱动速度在 d、e、f 区域中按抛物线减速。

如果要求马达执行 S 曲线加/减速，用户必须将如下参数设置到马达驱动卡中：加速度率(K)、加速度(A)、初始速度(SV)、驱动速度(V)和单次脉冲输出总数(P)。

由于本次实验是前期实验，故本着节省时间、简化功能的原则，在建立模型时设定以下简化条件。

(1) 在模型建立过程中，认为初始速度为 0；

(2) 在一次呼或吸气的运动过程中，认为加速率与减速率相等，最大加速度值也相等；

(3) 设定 a、b、c 三段运行时间相等，均为总时间的十分之一，则有加速时间∶恒速时间∶减速时间 =3∶4∶3。

则所建立的数学模型为

$$\begin{aligned} P &= k \cdot \theta \\ V &= \frac{10P}{7T} \\ A &= \frac{100P}{14T^2} \\ K &= \frac{1000P}{14T^3} \end{aligned} \qquad (7-10)$$

其中，θ 为托板运动幅度；T 为单次托板呼或吸动作时间；k 为托板动作幅度与单次脉冲输出总数之间的转换因子。借助该模型，就可以方便地通过编程实现任意动作的腹部托板驱动。

7.5.5 实验数据存储功能设计

临床实验的目的是对不同实验条件下的实验数据进行分析，从而发现规律、找出问题，因此实验数据的重要性可想而知。作为一个完善的控制系统，特别是医疗设备控制系统，除了能实现基本功能外，还应该具有数据存储和查询功能，由于项目开发时间紧迫，我们只设计了数据存储功能，下一步还需添加查询和统计功能。

考虑到数据规模较小、数据关系简单等因素，数据库采用 Access。存储的数据内容包括以下几项。

（1）软件启动和关闭时间；

（2）呼、吸动作起始点时刻，实时呼、吸周期，预测呼、吸周期，呼吸过快报警信息，呼吸微弱报警信息；

（3）托扳动作方式（控制/同步），控制通气时的参数，辅助通气时托扳呼、吸动作起始点时刻；

（4）潮气量、分钟通气量等其他重要生理数据。

7.5.6 人机接口界面设计开发

由于本书的研究属于多学科交叉，所以研究组一共包括3个合同单位和一个友情合作单位，北京工商大学普康数字医疗技术研发基地承担新方法建模仿真研究和产品设计开发任务，广州呼吸疾病研究承担临床实验等相关医学研究任务，这样导致腹部托压实验用床开发方与使用方分离，因此对控制软件的开发提出了较高的要求，特别是软件操作界面应该力求简明、易上手。

1. 初始化复位提示界面

在腹部托压实验用床系统中，托板的初始化复位是一个非常重要的动作过程。在每一次托板的往复托压动作开始前，都需要保证托板在初始位置上，试想托板的往复动作是以托板与床体成较大夹角位置为起点，当托板向下运动到一定角度时，必定会挤压支架，损坏床体。为此，在控制软件中，设计了托板初始化复位功能，同时以进度条的形式显示托板复位进度，如图7.28所示，以此告知实验医生当前实验用床的执行状态。当实验用床托板初始化复位结束时，软件弹出“初始化结束”消息，在对话框中按下“确定”按钮，将直接进入“参数设置对话框”。

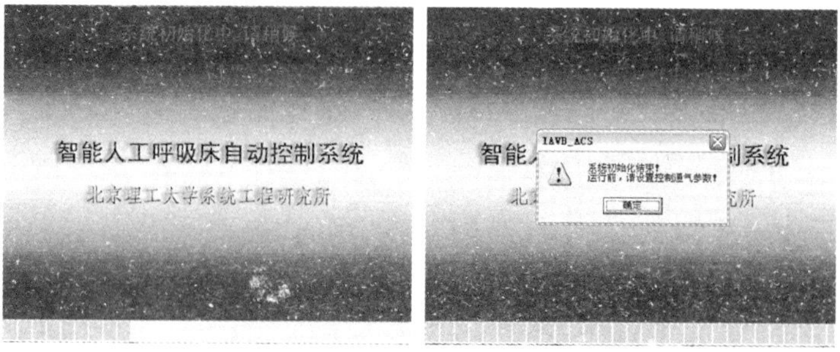

图7.28 初始化复位提示界面

2. 参数设置界面设计

参数设置界面提供了控制通气、实验时间和实验类型参数设置的人机接口，如图 7.29 所示。

控制通气参数设置。控制通气参数包括呼吸频率、呼吸时相比和托板运动幅度，为了便于实验医生输入，采用下拉框的形式实现各参数的设置。当各参数设置完成后，同步周期、吸气时间和呼吸时间被同步计算并显示，供使用者校验用。

实验时间设置。每组临床实验是有时间长度限定的，为了方便实验人员的使用，软件提供定时功能，当实验时间达到预定值后，控制系统将自动停止。

实验类型设置。实验类型包括 3 种：托平自主呼吸、悬空自主呼吸和同步控制呼吸，使用者通过选择可以设定当次实验类型。

在完成各参数的选择、填写后，按“设置参数”按钮，将弹出所设置的各参数的值，以供校验，如果设置有误，实验者可以重新参数设置。

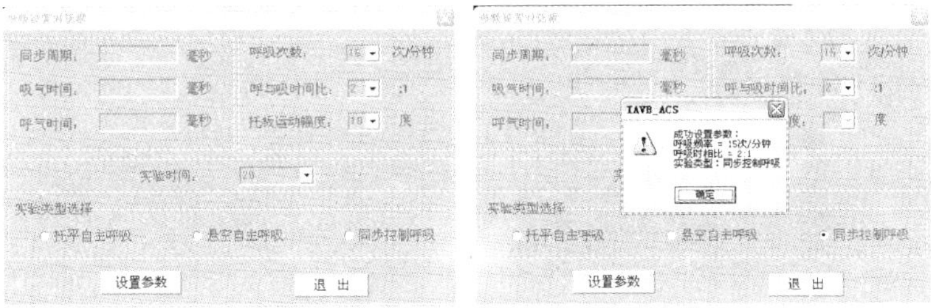

图 7.29　参数设置界面

3. 综合控制和状态显示界面设计

综合控制和状态显示界面是控制系统软件的主界面，包括控制接口和状态显示两部分，如图 7.30 所示。

(1) 综合控制界面。包括运行、正常停止、紧急停止和退出控制按钮。运行控制是以参数设置完成、未运行为条件的，当条件不具备时，系统弹出提示信息；正常停止是使用者根据实验需要在运行过程中实施的停止动作，当按下“正常停止”按钮后，系统在完成当前呼吸周期动作后，托板停止运动并回到初始位置；紧急停止是在实验过程中出现异常情况下使用者实施的停止动作，当按下“紧急停止”按钮后，托板立即停止运动；“退出”按钮按下后将退出控制系统。

（2）状态显示界面。包括呼吸信息、托板动作类型、执行时间和呼吸床动画模拟显示。呼吸信息显示内容包含实时气流曲线、吸气时间、呼吸时间、呼吸频率和潮气量，方便实验医生通过软件清楚地掌握受试者当前呼吸状况；呼吸床动画模拟功能提供托板当前的运行状况，当实验医生在实验过程需要监视托板的运行状态时，只需要察看软件的动画模拟，而不需要俯身注视床底下的托板，这样让实验医生有更多精力去关注诸如受试者当前生理指标等其他重要信息，保证实验过程安全。

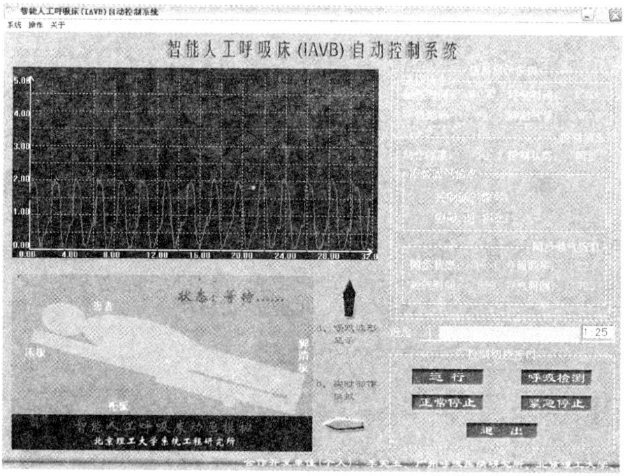

图 7.30　综合控制和状态显示界面

需要说明的是，正常停止功能和紧急停止功能有着应用上的差别。正常停止功能使用后，由于托板回到初始位置，因此可以继续上一次未完成动作；紧急停止功能使用后，托板将会停留在任一位置，此时继续动作功能被屏蔽，当使用者按下“运行”按钮时，将弹出必须重新启动控制软件开始新的实验的提示。

7.6　本章小结

本章详细阐述了腹部托压实验用床的设计开发过程，介绍了实验用床的详细功能要求，提出了基于分段结构的机械设计方案，根据临床实验的反馈信息给出了改进完善方案，介绍了实验用床智能控制软件的基本要求，提出了基于模块化架构的软件总体设计方案，详细阐述了呼吸信号处理模块、腹部托板驱动模块、实验数据存储模块、人机界面模块的设计方案和具体实现。

腹部托压实验用床的设计、开发和加工工作的完成，为医学临床实验的开展提供了基础。由于时间仓促，加工出来的实验用床还存在许多缺陷，有待下一步的改进和完善。

第 8 章　体位变换实验用椅的设计与仿真研究

腹部托压机械通气相关研究是前段时期工作的重心，本书前 3 章分别阐述了腹部托压机械通气的建模仿真研究、智能同步控制算法研究和实验用床设计开发成果，表明腹部托压机械通气前期工作已基本结束，待临床实验数据出来后，对以上研究进行验证、修改和完善。与此同时，体位变换实验用椅设计开发研究工作也在进行之中。本章首先介绍体位变换实验用椅详细功能要求，提出多个机械设计备选方案，通过分析其优缺点挑选出最佳方案。然后，借助动力学仿真软件 ADAMS 对挑选出的方案进行仿真研究。最后重点解决因该方案具有的大惯量、复合运动模式、驱动方式复杂、易打滑的特点而产生的控制难题，提出针对速度伺服的自抗扰控制器和针对力矩伺服的基于专家知识 PID 控制器，并结合 ADAMS 和 MATLAB 进行了联合仿真研究，结果表明了所提出方案和控制器的有效性，可以实施加工。

8.1 引　　言

摇椅又称为“逍遥椅”，是在躺椅的结构上再于足部加两条圆弧形的摇板，人坐在上面可以做一前一后、一起一伏的摆动。结合传统摇椅和变换体位机械通气方法，我们创新地提出了智能呼吸保健椅，该设备不仅具有传统摇椅功能，还具有辅助呼吸功效，能实现指令控制通气和与呼吸同步辅助通气，可能成为新一代的医疗保健设备。

智能呼吸保健椅的开发主要是针对慢性阻塞性肺炎患者的康复治疗。慢性阻塞性肺炎简称慢阻肺(COPD)[109~111]，是一种以进行性不可逆为特征的气道阻塞性疾病，慢阻肺患者常因呼吸道受阻引发呼吸困难、咳嗽、哮喘及全身虚弱等症状。当慢阻肺患者出现呼吸急促症状时，可用嘴巴呼吸法缓解呼吸困难状况，但比较有效的方法是进行腹式呼吸，通过增加横膈膜上下活动量，来防止呼吸急促[112~115]。第 2 章介绍了体位变换机械通气方法的原理，通过变换体位增加横膈膜位移幅度，辅助呼吸，当智能呼吸保健椅与慢性阻塞性肺炎患者呼吸同步变换体位时，横膈膜的运动幅度被增加，从而缓解了患者呼吸困难状态，长时间使用可能会起到康复治疗的作用。

智能呼吸保健椅与传统的摇椅的差别在于运动方式的不同，前者实现的是摇椅和人形成的共同体的自然频率欠阻尼摇动，而后者实现的是保健椅和人形成的共同体的预设频率和幅度或与呼吸同步频率和预设幅度的摇动，因此智能呼吸保健椅的动作要比传统摇椅复杂很多，并且实现起来比较困难，其中包括机械结构设计和智能控制实现。

本章阐述了智能呼吸保健椅的详细设计方案。首先介绍保健椅的功能要求，以此为目标设计多个机械方案，在详细分析每个方案的优缺点后，选择了滑竿驱动式摇椅方案，并在 ADAMS 软件环境下对该方案进行仿真验证。接下来对该方案的智能控制算法进行研究，针对滑竿驱动式摇椅具有的大惯量、复合运动模式、驱动方式复杂、易打滑特点，提出针对速度伺服的自抗扰控制器和针对力矩伺服的专家知识 PID 控制器。最后，借助 MATLAB 和 ADAMS 进行滑竿驱动式摇椅系统的联合仿真，结果表明了该设计方案的正确性，可以进行加工。

8.2 功能要求

体位变换实验用摇椅功能有以下几个要求。

(1) 具有一般躺、坐椅功能，躺、坐舒适，平时可作为任何角度的躺椅使用；

(2) 作为治疗用摇椅应具备的功能：

① 辅助通气功能。用呼吸传感器信号控制摇椅，使床体摇动，摇动的角度为 0°~50°可调，摇椅的动作时间分别占其对应时相的 2/3；

② 间歇指令通气功能。实为一般摇椅功能，摇动的角度为 20°~60°可调，无停顿时间，与呼吸无关，频率为 6~20 次/分钟连续可调；

(3) 作为实验用摇椅，要求座椅的高矮位置可分别调至高于或低于转轮圆心 10cm 或 20cm；

（4）成本要求：

① 机械结构简单，降低原材料和加工成本；

② 驱动方式合理，充分利用惯性，以减小功率消耗、降低电机成本；

（5）其他要求和解决方案：

① 呼吸信号初步确定用上腹压力传感器；

② 要求坐卧舒适，有舒适的头枕、适合身体腰背弯曲的背靠和合适角度的臀腿支托。要解决适应不同身高的调节方案；

③ 防止摇动时头部的转动和移位，应当具有头部固定装置；

④ 可考虑采用臀部或双腿气囊固定，也可加用脚蹬板防止身体的向下移位；

⑤ 具备腰背按摩功能，可以加装现成的按摩垫；

⑥ 具有锻炼器功能，可以加装上、下肢的运动配件。如脚踏车、仰卧起坐、双手拉动向上引体等。

8.3 机械方案确定

8.3.1 双轮驱动式摇椅方案及优缺点分析

1. 结构原理

整个系统由座椅、内支架、外支架、底部小车和轨道组成，如图 8.1 所示。

座椅靠背和水平成 60°夹角，以方便躺靠，座椅两侧通过耳轴和内支架相连。内支架由三角铁焊接而成，高 44.5cm，顶角 90°，包括 3 个横梁，每个横梁有孔与座椅耳轴相连，孔直径略大于耳轴直径，以便于装卸。通过选择横梁，可以改变座椅距离地面高度，以满足不同用户需求，座椅最大调节范围 10cm。内支架通过上端转轴与外支架向连，运动过程中，内支架随座椅一起转动。外支架和内支架所选材料相同，高 109cm，顶角 53°，从而当座椅耳轴和内支架最下端横梁相连时，座椅底部距离小车顶部距离为 55cm，可以有效防止脚与小车相碰。外支架上端通过转轴和内支架及链轮相连，下部与小车相连。底部小车包括车身、转轴和车轮等部分。

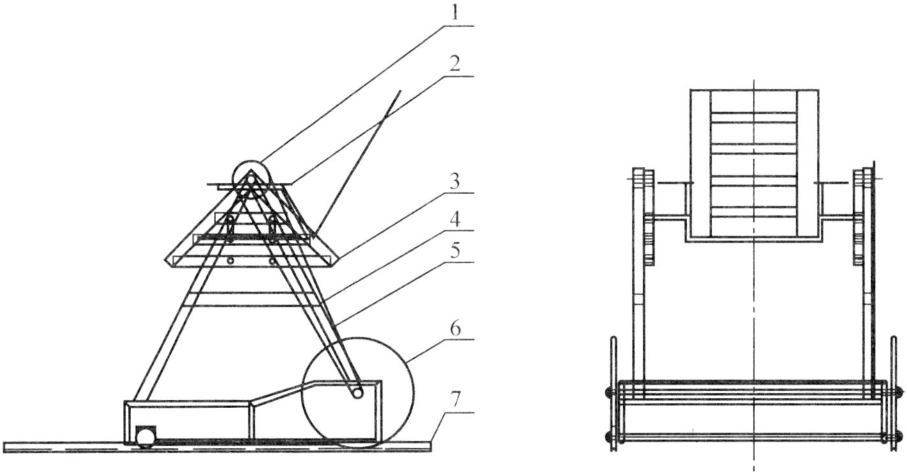

1 -链轮　2 -座椅　3 -内支架　4 -外支架　5 -链　6 -车轮　7 -轨道

图 8.1　双轮驱动式摇椅结构简图

车身以三角铁为主体结构，外部包有铁皮。小车后轴为主动轴，前轴为从动轴，后轴通过链传动与外支架上端链轮相连，传动比为 2.7∶1。小车后轮直径 52cm，前轮直径 10cm。在 2s 运动周期内，座椅摆动角度 60°，小车车轮转过 162°，水平方向前进 74cm。

轨道由铁板冲压而成，长 200cm，两端固定有挡板，以防止小车滑出轨道，轨道两侧下部打有圆孔，以方便固定轨道。

运动系统由电机进行驱动，电机和外支架上端链轮相连，带动座椅转动，上端链轮和小车后轴链轮相连，带动小车水平运动。初始时，座椅和小车处于静止状态，位于轨道一端；给电机一个启动信号，电机转动，给座椅转轴一个角加速度，座椅开始转动，同时，小车开始加速运动，当座椅达到最大转角时，小车同时到达最大行程；然后电机反转，回到初始状态。

2. 优缺点分析

(1) 优点：

① 可控性强，能实现精确控制；

② 座椅高度能随意调节。

(2) 缺点：

① 外观不符合摇椅要求，结构复杂；

② 不具备普通摇椅功能；

③ 链条传动结构成本较高，会带来噪声污染、安全隐患、空间占用等问题，同时由于传动比高，导致链轮非常大，不利于加工、安装和美观。

④ 没有充分利用惯性，功率消耗较大；

⑤ 稳定性较差。

8.3.2 夹压驱动式摇椅方案及优缺点分析

1. 结构原理

整个系统由座椅、圆弧支架、夹压机构和轨道组成，如图 8.2 所示。

座椅靠背和水平成 60°夹角，以方便躺靠，座椅与圆弧支架焊接相连。夹压机构可以将圆弧支架与轨道紧紧贴和，当夹压机构在电机带动下左/右水平移动时，座椅可以向前/后摇动。夹压机构具有离合功能，能实现普通摇椅和呼吸摇椅之间的切换。

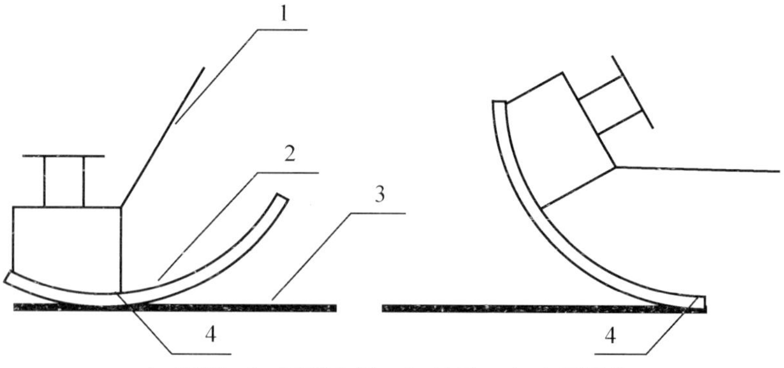

1 -座椅　2 -圆弧支架　3 -轨道　4 -夹压结构

图 8.2　夹压驱动式摇椅结构简图

2. 优缺点分析

(1) 优点：

① 结构简单，能实现普通摇椅和呼吸摇椅功能；

② 能充分利用惯性，功率消耗较小。

(2) 缺点：

① 夹压结构存在诸多弊端：实现难度较大，产生噪声污染，端点夹压力要求高；

② 端点稳定性差，在高频率运转时容易翻滚；

③ 电机安放在轨道里，使得轨道存在一定的高度，增加了安全隐患。

8.3.3 滑竿驱动式摇椅方案及优缺点分析

1. 结构原理

整个系统由座椅、圆弧支架、滑竿、电机和轨道组成，如图 8.3 所示。

座椅靠背和水平成 60°夹角，以方便躺靠，座椅腿托与水平成 45°夹角，以方便腿部安放，座椅与圆弧支架焊接相连并放置于轨道上。轨道用来支撑圆弧支架，两侧(图 8.3 中垂直于纸面方面)设置有高于轨道平面的限制钢条，以防止座椅摇动时发生侧移。

电机驱动部分是滑竿驱动式摇椅方案的关键所在。在座椅靠前、中间位置下面焊接有一个滑槽杆，电机及电机托件固定在轨道中间位置，电机输出轴和滑槽杆通过钢杆相连，钢杆的一端带有销槽的套筒，实现与电机输出轴的连接，另一端是与滑槽相配套的滚轴。当电机逆时针转动时，座椅受到一个向后的作用力而逆时针摇动，当电机顺时针转动时，带动摇椅顺时针摇动，这样随着电机的往复运动，驱动摇椅前后摇动。

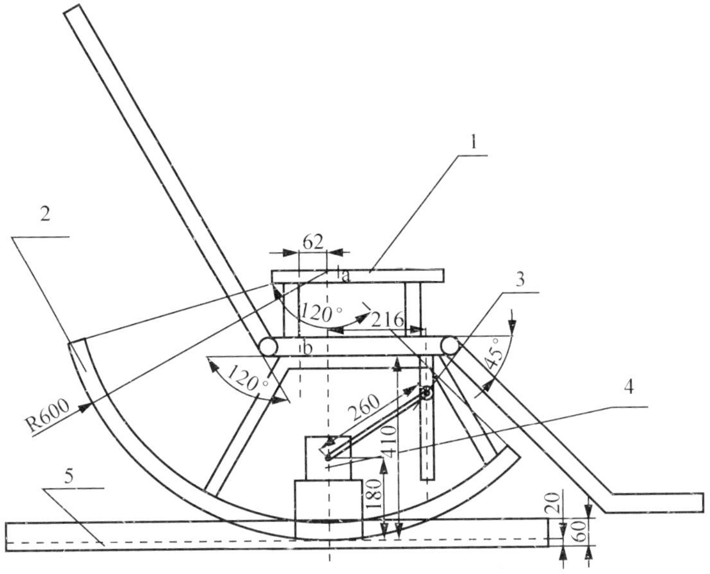

1 -座椅　2 -圆弧支架　3 -滑竿　4 -电机　5 -轨道

图 8.3　滑竿驱动式摇椅结构简图

2. 优缺点分析

（1）优点：

① 外观符合摇椅要求，结构简单；

② 能实现普通摇椅和呼吸摇椅功能；

③ 充分利用摇椅自身惯性，降低了电机功率，减小了能耗；

④ 电机驱动部分的滑竿式驱动方案，实现了简单结构驱动下复杂运动功能；内部隐藏设计方案不仅解决了空间和美观问题，也符合摇椅的休闲和呼吸椅的保健功能需要。

（2）缺点：

① 高频率、大幅度动作下，圆弧支架和轨道之间的滑动问题难以避免；

② 座椅高度不能调节；

8.3.4 最佳方案确定及 ADAMS 仿真

1. 最佳方案确定

8.3.3 节提出了 3 种同步变位摇椅机械设计方案，而在实际的研究中我们所提出来的机械设计方案远不止这 3 种，其他的方案都因为太多的缺陷而被否定掉。在设计研究不断深入的过程中，我们慢慢地发现同步变位摇椅机械设计难度之大，远远超出之前的预想。

从摇椅功能要求来看，所要求的普通摇椅和机械通气摇椅的两个基本功能似乎表明该摇椅的机械结构会比较简单，甚至在前期研究中我们认为对现有摇椅的简单改造就可以完成体位变换摇椅的开发。但是经过长时间的深入研究，同步变位摇椅机械设计存在以下几方面的难点。

（1）外观与功能之间的矛盾。同步变位摇椅与腹部托压床在外观上的要求是不一样的。后者因为属于临床急救型设备，因此强大的功能要胜过华丽的外观。而对于同步变位摇椅却与此不同，在基本实现预定功能前提下，应该着重考虑外观设计，华丽的外观一方面会带给患者愉悦的心情，加快康复步伐，另一方面也符合市场规则对产品的要求。但是，在完成某些特殊功能的条件下，部分机械组件却影响了美观设计，如在双轮驱动式摇椅方案中，为了精确实现旋转和平移复合动作，采用了链动方式和小车轨道，尽管功能得以实现，但这种机械结构使得设计出来的产品并没有摇椅的感觉，并且大半径链轮结构必然是一个致命缺陷。因此，在同步变位摇椅的机械设计过程中，外观与功能之间的矛盾经常存在。

（2）低功耗与精确控制之间的矛盾。低功耗与精确控制之间表面上看并没有冲突，可是在摇椅实现中却存在这个问题，有点像生活中产品性能与价钱之间的矛盾一样，不可调和，尽管如此我们也尽力去找到最好的“性价比”设计方案。在摇椅机械设计中，摇椅自身摇动的利用应该是降低电机功率最好的手段，这就需要将电机驱动控制模式从主动式改为辅助式，也就是说电机的驱动目的是通过帮助摇椅自身摇动而实现不同动作形式，此时如果用速度伺服驱动方式，尽管精确地实现了位置控制但摇椅自身的摇动却被不同程序遭到限制，出现低功耗与精确控制的矛盾。

（3）低成本与功能之间的矛盾。成本与功能之间的矛盾应该是产品设计的普遍矛盾，除了诸如摇椅的机械产品存在这个问题，现在的电脑软件、非实物产品都存在这个矛盾。强大的功能是建立在复杂结构、优质原材料、精心设计、精密加工等条件上的，体位变换摇椅在一般的摇椅基础上增加了不同形式的控制通气和与呼吸同步辅助通气功能，这就需要复杂的机械结构、优质原材料、精心的设计、精密的加工，因此成本必然上升，这就影响到了日后市场的前景，因此在前期的机械设计工作中，应尽量考虑成本与功能之间的关系。

（4）打滑问题。摇椅的非自然、往复运动模式决定了打滑现象必然存在，加减速、变向运动过程都会使得座椅与轨道之间产生滑动。一般来说，滑动问题可以通过增加表面摩擦和齿轮（条）啮合来解决，可是齿轮（条）啮合会产生成本、外观、安装和噪声等一系列问题，因此只能从增加表面摩擦入手，可以使用磨砂或凹坑等形式的接触面，不过长期的使用毕竟会使得摩擦系数变小，因此如何避免或降低打滑现象是必须解决的问题。

根据以上的机械设计难点，结合体位变换摇椅基本功能要求，通过对比给出的 3 个方案，我们选择了滑竿驱动式摇椅方案。该方案外观符合摇椅要求，结构简单，能实现普通摇椅和呼吸摇椅功能，充分利用摇椅自身惯性，降低了电机功率，减小了能耗，电机驱动部分的滑竿式驱动方案，实现了简单结构驱动下复杂运动功能，内部隐藏设计方案不仅解决了空间和美观问题，也符合摇椅的休闲和呼吸椅的保健功能需要。该方案存在有高频率、大幅度动作下圆弧支架和轨道之间的滑动问题，可以通过使用磨砂或凹坑等形式的接触面增加表面摩擦，存在有座椅高度不能调节问题，还需要下一步的研究。

需要说明的是，滑竿驱动式摇椅方案充分利用摇椅的惯性，以降低电机功率，减小能耗。在图 8.3 所示的摇椅结构简图里，b 点为圆弧支架圆心，a 点为支架、座椅和人组成的联合体的重心，在摇椅动作之前，座椅与水平面平行，联合体重心在圆弧支架后下方位置，并设计 a、b 连线与重力线夹角为 15°左右，此时摇椅在重力作用下开始逆时针摇动。根据机械能守恒定律，在不考虑其他能量损失情况下，摇椅会逆时针转动 30°后停止并顺时针转动，往复运动形成了摇椅自身的摇动，这样我们可以利用这个特性低能耗地实现控制和同步辅助机械通气。设计电机系统为伺服力矩电机，以采用自身动作为主、电机驱动为辅的驱动方式，实现惯性的充分利用，当摇椅动作频率或幅度大于自身摇动属性时，电机施加摇椅正作用力矩，反之则施加反作用力矩，从而实现不同运动参数要求下的低能耗往复运动。

2. ADAMS 软件仿真

为了进一步说明滑竿驱动式摇椅方案的可行性，借助机械仿真软件 ADAMS 进行了仿真研究。

ADAMS(Automatic Dynamic Analysis of Mechanical System)软件是美国机械动力公司 MDI（Mechanical Dynamics Inc.）研制的可视化仿真分析软件。ADAMS 使用交互式图形环境以及部件库、约束库和力库，建立三维机械系统参数化模型，其求解器采用多刚体系统动力学理论中的拉格朗日方程方法，建立系统动力学方程，并通过对虚拟样机进行静力学、运动学和动力学分析，输出位移、速度、加速度和反作用力曲线，提供最佳设计方案。ADAMS 仿真可估计机械系统的性能、运动范围、碰撞检测、峰值载荷及计算有限元的载荷输入[117,118]。

ADAMS 的核心模块有以下几种。

(1) 用户界面模块(ADAMS/ View)。它将简单的图标、菜单、交互式图形建模、仿真计算、动画显示、曲线图处理和结果分析等功能集成在一起；

（2）求解器（ADAMS/Solver）。该模块自动形成机械系统的动力学方程，提供静力学、运动学和动力学的解算结果；

（3）专用后处理模块（ADSMS/ Postproces2OR）。可以用来输出高性能的动画、各种数据曲线等。

ADAMS 的功能扩展模块主要有以下几种。

（1）实验设计与分析模块（ADAMS/Insight）；

（2）振动分析模块（ADAMS/Vibration）；

（3）液压系统模块（ADAMS/Hydraulics）等。

还有一些功能强大的专业模块，例如，轿车模块（ADAMS/Car），它是由 MDI 公司与 Audi、BMW、Renault 和 Volvo 等公司合作开发的整车设计模块，能够快速建造高精度的整车虚拟样机；铁道模块（ADAMS/Rail），是由 MDI 公司、荷兰铁路组织（NS）、Delft 工业大学以及德国 ARGE CARE 公司合作开发的，专门用于研究铁路机车、车辆、列车和线路相互作用的动力学分析软件；驾驶员模块（ADAMS/Driver），是在德国的 IPG-Driver 基础上，经过二次开发而形成的成熟产品，它可以确定汽车驾驶员的行为特征，确定各种操作工况等[118,119]。

为了方便仿真模型建立，将人体简化 3 部分：头胸部、大腿部、小腿部，这 3 个部分分别与座椅靠背、椅面和座椅腿托刚性连接，其仿真模型如图 8.4 所示。设置头胸部质量为 40 千克，大腿部为 40 千克，小腿部为 20 千克，以上质量加入了相应座椅的质量，圆弧支架质量设置较小，可以忽略。其他尺寸与图 8.3 同。添加圆弧支架与轨道之间的 solid to solid CONTACT，模拟真实系统中圆弧放在轨道上，前者对后者产生压力，并在接触面存在水平方向的摩擦力，设置静摩擦系数为 0.3，动摩擦系数为 0.2。最后的设计工作，也是仿真模型建立中最主要的工作即电机驱动部分实现。在图 8.4 的右图中，滑槽杆固定在座椅前中部，在电机输出轴心位置设置与轨道为一体的 POINT0，在滑槽杆与动力传动钢杆接触点上设置 POINT1，添加以 POINT0 和 POINT1 为端点的 LINK 形成动力传动钢杆，设置滑槽杆与动力传动钢杆之间的 Translational Joint，限制后者的端点只能沿前者杆方向移动，形成滑槽杆功能，最后设置动力传动钢杆与 POINT0 之间的动力机构，添加 Rot Joint Motion（速度型）或 Torque（力矩型），这样电机驱动功能就实现了。

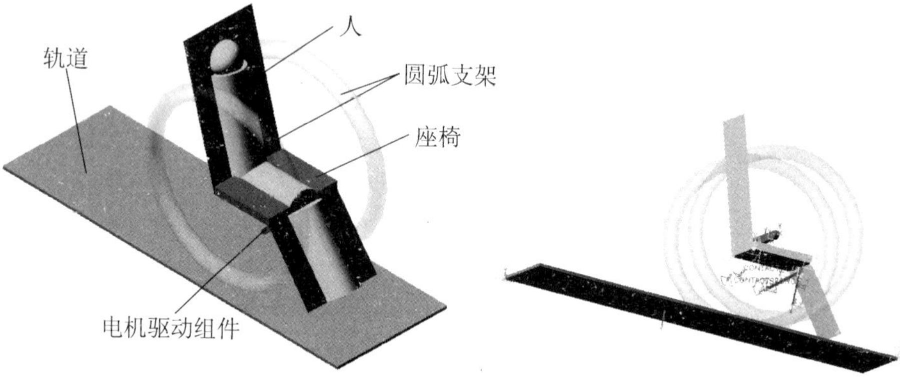

图 8.4　滑竿驱动式摇椅 ADAMS 仿真模型

成功建立摇椅的机械模型后，就可以借助 ADAMS 的仿真功能进行该方案的验证工作。根据功能要求，设计仿真内容包括以下几个方面。

（1）自然摇动。在无电机驱动条件下，验证摇椅的自然摇动情况，40 秒内摇椅角度变化曲线见图 8.5 所示。由图可知，摇椅摇动为过阻尼振动，频率约为 8.3 次/min，最大角度约为 28.8°，与之前设计方案的预期结果相符。

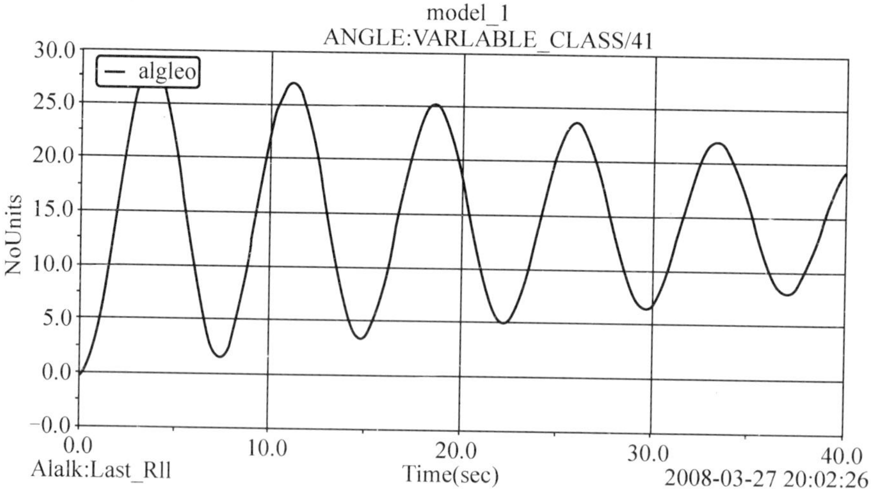

图 8.5　摇椅自然摇动时角度变化曲线

（2）一般功能验证。设计摇椅运动角度轨迹为起停慢、中间快的正弦曲线，验证10s内不同目标频率和角度下电机功率、角度、水平位移的变化情况，仿真结果见表8－1。

表8－1　不同目标频率和角度下电机功率、角度、水平位移的变化情况

序号	目标频率（次/分钟）	目标角度（度）	最大功率（瓦）	实际角度值（度）	实际水平位移（毫米）
1	10	15	1.5	15	155.8
2	10	30	1.2	30	314.9
3	15	15	5.1	15	155.7
4	15	30	10	30	315.0
5	20	15	8.7	15	155.6
6	20	30	38.9	30	314.8
7	30	15	33.1	15	155.5
8	30	30	107.2	30	314.8

对照表8－1中8组仿真实验数据的实际角度与水平位移可知，在电机驱动下，摇椅可以按预定参数运行，能够实现辅助通气和间歇指令通气功能。表中电机功率数据表明，在目标频率低于20次/min时，考虑2倍的安全因素，选择额定功率仅为100W的电机就可以满足各种参数条件下的动力需求，符合摇椅作为保健用品的功率消耗要求。

（3）打滑测试。设计摇椅运动角度轨迹为起停慢、中间快的正弦曲线，验证一分钟内不同目标频率和角度下角度、水平位移的偏移情况，仿真结果见表8－2。

表8－2　不同目标频率和角度下角度、水平位移的偏移情况

序号	目标频率（次/分钟）	目标角度（度）	上角度偏移值（度）	下角度偏移值（度）	上水平位移偏移值（毫米）	下水平位移偏移值（毫米）
1	10	15	3.21	3.92	5.61	11.97
2	10	30	0.12	1.27	4.56	14.66
3	15	15	3.49	4.42	5.94	12.72
4	15	30	0.48	1.62	5.27	16.27

续表

序号	目标频率（次/分钟）	目标角度（度）	上角度偏移值（度）	下角度偏移值（度）	上水平位移偏移值（毫米）	下水平位移偏移值（毫米）
5	20	15	3.92	4.39	5.97	12.87
6	20	30	0.72	1.81	4.54	15.84
7	30	15	3.21	3.97	5.76	14.55
8	30	30	-1.15	0.95	5.88	16.42

注：表中，上角度偏移值表示最后一个周期与第一个周期的最大角度之差，下角度偏移值表示最后一个周期与第一个周期的最小角度之差，上水平位移偏移值表示最后一个周期与第一个周期的最大水平位移之差，下水平位移偏移值表示最后一个周期与第一个周期的最小水平位移之差。

从表8-2的仿真实验数据可知，目标频率和角度对水平位移偏移影响较小，上水平位移偏移平均值为5.44mm，下水平位移偏移平均值为14.35mm；目标频率对角度偏移影响较小；目标角度对角度偏移影响较大，目标角度为30°时的偏移量要远远小于15°时。对上述统计结果进行分析后发现，在静摩擦系数为0.3、动摩擦系数为0.2的条件下，该方案的打滑现象确实存在，因此需要通过采用磨砂、凹凸面或齿条来增加表面摩擦系数。另外，目标角度对角度偏移影响较大时目标角度为30°时的偏移量要远远小于15°的结果表明，摇椅的摇摆角度应设定在自然振动角度28.8°左右，这样可以通过利用摇椅自身的动作来降低打滑幅度。

综合以上仿真结果表明，滑竿驱动式摇椅方案是可行的，在采取增加表面摩擦系数措施后，基本上符合体位变换实验用摇椅的要求，可以实施机械加工。

8.4 智能控制算法研究

8.4.1 控制实现难点分析及方案确定

8.3节通过对比3个机械方案的优缺点，选择了滑竿驱动式摇椅方案，借助机械仿真软件ADAMS的仿真结果验证了该方案的机械设计可行性，可以实施加工。尽管如此，体位变换实验用椅的研究还只是完成了一半的工作，后续的任务是实现智能控制功能，而首当其冲需要完成的工作就是智能控制算法研究。

在研究智能控制算法之前需要说明一下电机选型问题。在前面提到的已经加工完成并投入使用的腹压通气实验用床中，驱动系统采用的是交流伺服电机，因其高精度的伺服特性使得腹部托板的动作能够精确实现，但与此同时我们也发现了这种电机带来的一些问题，如交流电机带来的电磁干扰影响到了其他医疗器械的正常工作，大减速率的减速器降低电机速度的同时也带来了噪声污染等。因此在体位变换实验用椅的电机选型上，交流伺服电机方案被排除，经过综合比较各种类型电机的优缺点，决定采用直流无刷电机和直流力矩电机两种备选方案，前者与驱动器、减速器配合能实现可调、低速、大扭矩输出功能，但噪声可能会比较大，后者与驱动器配合能实现低成本、低噪声、可调大扭矩输出功能，两者都是直流电机，因而电磁干扰相对较小[120,121]。

结合电机选型方案和滑竿驱动式摇椅方案，认为在控制实现上存在以下几个难点。

(1) 大惯量系统控制问题。体位变换实验用摇椅是一个大惯量系统，一般来说，60kg 使用者和座椅总质量约为 70 ~ 80kg，而现在肥胖人群越来越多，因此设计摇椅的最大受重为 120kg，加之摇椅本身的不稳定性，使得控制不易实现，特别是对于以力矩输出作为控制量的力矩型电机驱动方式，难度就更大了。由于摇椅惯量很大，加速和稳定运行中，摇椅储存了大量动能，在摇椅的减速过程中，如何精确、稳定地控制其力矩存在着困难。

(2) 干扰出现时的平稳控制问题。使用者坐在摇椅上一段时间后为了缓解不舒适感觉会挪动一下身体，这样带来的是摇椅的短暂抖动，此时以摇椅位置(摇摆角度和水平位移)作为闭环反馈量的控制算法能否处理干扰并平稳控制是一个很关键的问题，如果电机输出变化过大，摇椅急速摇动则会出现打滑现象，使用者会产生恶心感觉，严重时会产生摇椅的侧翻危及使用者生命安全。

(3) 打滑问题。打滑现象能不能消除，除了与圆弧支架与轨道接触面的摩擦系数有关外，还和控制系统有着很大的关联。摇椅之所以能按照预定目标曲线摇动是因为电机在程序控制下按一定的规律输出力矩，好的控制算法在同样实现目标曲线跟踪的前提下能保持控制输出的稳定性，无波动，因而避免了打滑现象的发生。

针对以上控制难题，本书提出了与滑竿驱动式摇椅方案相配套的控制算法。对于直流无刷电机驱动方案，提出基于自抗扰控制理论的自抗扰控制器，由于该控制器不依赖于对象数学模型，通过扩张状态观测器观测出系统的状态和系统的内部扰动及外部扰动，用前馈方法将观测出的扰动加到系统的输入端，因此具有优良的控制性能，相对于传统的PID控制器抗干扰能力增强；对于直流力矩电机驱动方案，摇椅的大惯量特性决定了普通PID控制器难以实现动作跟随，因此提出基于专家知识的PID控制器，该控制器的输出力矩由两部分组成——摇椅理想化驱动力矩和其他补偿驱动力矩，前者由专家知识计算得到，后者则由PID算法实时给出，由于专家知识能通过对目标值分析加载超前控制量，结合PID的实时精确补偿，使得该控制器能较好地实现直流力矩电机摇椅驱动功能。

8.4.2 速度伺服驱动的自抗扰控制器设计

1. 自抗扰控制理论

自抗扰控制器(ADRC)[122,123]是韩京清研究员提出的一种实用的非线性控制器。韩京清通过对控制要走“模型论”还是“控制论”的深刻思考，通过PID在工程中经久不衰，而似乎很完美的现代控制理论在工程中却很难取得它理论中的结果的思索，加之对PID控制存在的问题的反思，逐渐探索出一种控制思想，并经过多年的探索和完善，最终形成了自抗扰控制的理论。

自抗扰控制器主要包括：非线性跟踪微分器(TD)[124]、扩张状态观测器(ESO)[125]、非线性状态误差反馈控制规律(NLSEF)[126]等。由于这种控制器算法简单、易于实现、精度高、速度快、抗干扰能力强，因此，自抗扰控制的控制思想和方法在实际中得到了广泛应用。

以二阶自抗扰控制器为例介绍自抗扰控制器，图8.6为二阶自抗扰控制器的结构图，其中跟踪微分器(TD)用来安排过渡过程并提取其微分信号；扩张状态观测器(ESO)估计对象状态和不确定扰动作用；利用安排的过渡过程与状态估计之间误差的非线性组合和扰动估计量的补偿量产生控制信号[127,128]。

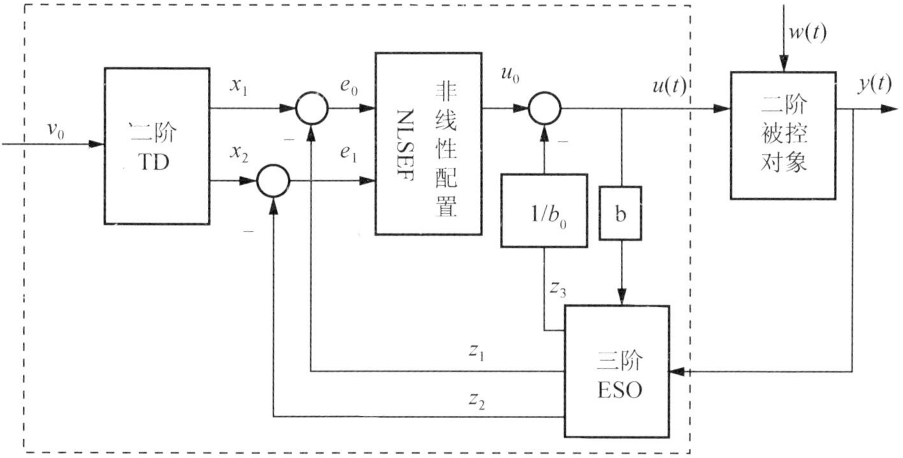

图 8.6 二阶自抗扰控制器结构框图

将二阶 ADRC 与非线性 PID 控制器做个比较，可以发现：ADRC 在反馈通道中用扩张状态观测器代替跟踪微分器，在非线性状态误差状态反馈律中用能估计模型内扰和外扰作用的扩张状态来代替积分环节。PID 控制器的积分环节作用是消除系统的静差，但是同时又降低了系统的稳定性，而且在调解过程中还会产生积分饱和现象。而在 ADRC 中可以不用积分调节，也能达到消除系统静差的要求，却没有积分环节带来的坏影响。大量的仿真结果也表明：一般来说，非线性 PID 控制器能控制好的对象，用 ADRC 也能控制好，而且鲁棒性更强。

由于工业现场大都将被控对象简化为带一对主导极点的二阶对象，所以目前最常用的是二阶 ADRC。下面给出完整的二阶 ADRC 控制算法：

$$\begin{cases} x_1(k+1) = x_1(k) + hx_2(k) \\ x_2(k+1) = x_2(k) + h \cdot fst(x_1(k) - v_0(k),\ x_2(k),\ r,\ h) \end{cases} \tag{8-1}$$

$$\begin{cases} z_1(k+1) = z_1(k) + h(z_2(k) \quad -\beta_{01}e\ (k)) \\ z_2(k+1) = z_2(k) + h(z_2(k) \quad -\beta_{02} \cdot fal(e(k),\ 0.5,\ \delta) + b_0 \cdot u(k) \\ z_3(k+1) = z_3(k) - h\beta_{03} \cdot fal(e(k),\ 0.25,\ \delta) \end{cases} \tag{8-2}$$

$$
\begin{cases}
e_1 = x_1 - z_1 \\
e_2 = x_2 - z_2 \\
u_0 = \beta_1 \cdot fal(e_1, a_1, \delta_1) + \beta_2 \cdot fal(e_2, a_2, \delta_2) \\
u = u_0 - z_3 / b_0
\end{cases}
\tag{8-3}
$$

公式(8-1)为 TD 的方程，其中非线性函数 fst 为

$$
fst = \begin{cases} -r/d, & |a| \leqslant d \\ -r \cdot sign(a), & |a| > d \end{cases} \tag{8-4}
$$

式中：

$$
a = \begin{cases} x_2 + y/h, & |y| \leqslant d_0 \\ x_2 + 0.5(a_0 - d) \cdot sign(y), & |y > d_0| \end{cases} \tag{8-5}
$$

其中，$d = r \cdot h$；$d_0 = d \cdot h$；$y = x_1 - v_0 = h \cdot x_2$；$a_0 = \sqrt{d^2 + 8r|y|}$；$r$ 是决定跟踪快慢的跟踪速度因子；h 是决定噪声滤波效应的参数，称为滤波因子；$v_0(k)$ 为参考输入信号；$x_1(k)$、$x_2(k)$ 为离散跟踪微分器的输出信号。

TD 的功能：对于给定的输入信号 v_0，经由 TD 后分为两路，一路是给定信号 v_0 的跟踪信号 x_1，一路是给定信号 v_0 的微分信号 x_2。对于任意给定的连续或不连续信号 v_0，TD 都可以给出连续、无超调的跟踪信号。跟踪的快慢取决于跟踪速度因子 r 的值，r 越大，跟踪得越快；r 越小，跟踪越慢。因此，TD 不仅可以对给定信号进行预处理(安排过渡过程)，而且还可以从不可微分信号或含有噪声的信号中合理地提取连续可微分的信号。

公式(8-2)为 ESO 的方程，其中 $e(k) = z_1(k) - y(\mathrm{k})$，$z_1(k)$、$z_2(k)$ 给出对象状态变量的估计，而 $z_3(k)$ 估计对象的所有不确定模型和外扰的实时总和作用，即 $z_3 \to f(x_1, x_2, k)$，β_{01}、β_{02}、β_{03} 是可调参数。在 ESO 滤波器中，δ 被称为滤波因子。只要合理的选取参数 β_{01}、β_{02} 和 β_{03}，ESO 就能给出满意的估计信号，这是独立于被控对象和外扰作用的观测器。

公式(8-3)为 NLSEF 的方程。由 TD 产生的跟踪信号 v_1 和微分信号 v_2 与 ESO 给出的状态估计信号 z_1、z_2 来形成两个误差量 e_1、e_2，选取适当的非线性函数 fal，根据这两个误差量产生 u_0，然后根据 ESO 给出的干扰估计信号 z_3 和被控对象的已知部分，即可形成控制量 u。公式(8-2)、公式(8-3)中的非线性函数 fal 为：

$$fal(e, a, \delta)=\begin{cases} e \cdot \delta^{a-1}, & |e| \leqslant \delta \\ |e|^{a} \cdot sign(e), & |e| > \delta \end{cases} \tag{8-6}$$

下面介绍自抗扰控制的参数整定原则[129~132]。

ADRC 在参数整定时可分为两步：首先把 TD、ESO、NLSEF 看成是彼此独立的 3 个部分，先整定 TD 和 ESO 的参数，取得满意的效果；然后结合 NLSEF 对自抗扰控制器进行整体参数整定。

当 ADRC 在闭环系统中作用时，TD 只是给出一个对输入的跟踪信号和一个微分信号，r 的改变不会对系统的动静态特性产生太大的影响。所以跟踪微分器 TD 的参数整定相对来讲比较简单。建立一个开环系统，加一个输入信号 $v_0(k)$，确定好仿真步距 h，若 TD 的输出信号 $v_1(k)$能够精确跟踪输入信号，则此时 TD 的参数整定效果是令人满意的；另一方面也要根据对过渡过程的要求调节参数 r，r 越大安排的过渡过程越短。扩张状态观测器 ESO 是参数最多而又最为重要的一部分，因为 ESO 的 3 个参数 β_{01}、β_{02}、β_{03}对闭环系统的动态特性影响很大。尤其是对于大惯性、大时滞的系统，系统的时滞越大，相应的参数 β_{01}、β_{02}、β_{03} 也越大，特别是 β_{03}。应该使得 ESO 的 3 个状态变量能够分别较好的跟踪开环系统对象的两个状态及未知扰动，因此 ESO 的参数在保证能精确跟踪对象状态的基础上，根据总体的控制效果要进一步调整，当系统输出曲线的振荡较大时可适当调小 β_{03}。

非线性控制律 NLSEF 的作用是生成一个控制量，其参数 β_1、β_2 具有较为明确的物理意义。β_1 表示比例增益，β_2 表示微分增益，它们的整定同 PD 控制器中的 P、D 整定，相当于用 PD 控制器控制一个“积分串连型”的对象。当调节速度慢时，可以适当增大 β_1，反之减小 β_1；调节速度加快同时会引起超调量的增大，系统振荡，此时适当增大 β_2 可以抑制超调，减小振荡。

ADRC 还有一个较为特殊的参数 b_0，不同 b_0 值的选取相当于使总扰动值在不同的范围内变化，即补偿分量也会相应地改变。b_0 的选取原则是：当对象有迟延的时候取大值，使得 b_0u 的值较大，经 ESO 的第 2 个状态变量反馈回 TD 后，产生一个大误差控制信号把对象激励起来，让输出尽快冲上去；同时由公式 z_3/b_0 可以看出，b_0 取较大值可以有效补偿扰动和模型的不确定因素。

2. 仿真实验设计

仿真平台选用 ADAMS 和 MATALAB。由于 ADAMS 为用户提供了强大的建模、仿真环境，使用户能够对各种机械系统进行建模、仿真和分析，具有十分强大的运动学和动力学分析功能，另外 MATLAB 以其强大的计算功能、计算结果和编程的可视化以及极高的编程效率，迅速成为从事科学研究和工程设计不可缺少的工具软件，因此把 ADAMS 和 MATLAB 联合起来仿真，可以将机械系统仿真分析同控制设计仿真有机地连接起来，实现机电一体化的联合分析。

ADAMS 与 MATLAB 联合仿真要经过以下几个步骤。[133~136]

(1) 建立虚拟模型。对于简单的模型可以利用 ADAMS 软件直接建模，对于复杂的模型可以借助一些 CAD 软件(如 UG、CATIA、PRO/E 等)建模，然后将最终的模型导入到 ADAMS 环境中，最后给这个模型施加约束和作用力；

(2) 定义 ADAMS 的输入和输出。图 8.7 为 ADAMS 与 MATLAB 的接口。ADAMS 的输入输出是与 MATLAB 设计的控制系统进行数据传递的接口，ADAMS 的输入就相当于系统的控制输入，ADAMS 的输出就相当于系统的测量值。

(3) 建立控制系统的结构图。将 ADAMS 建立的虚拟模型与 MATLAB 建立的控制系统通过图 8.7 的方式结合起来，形成一个闭环系统。

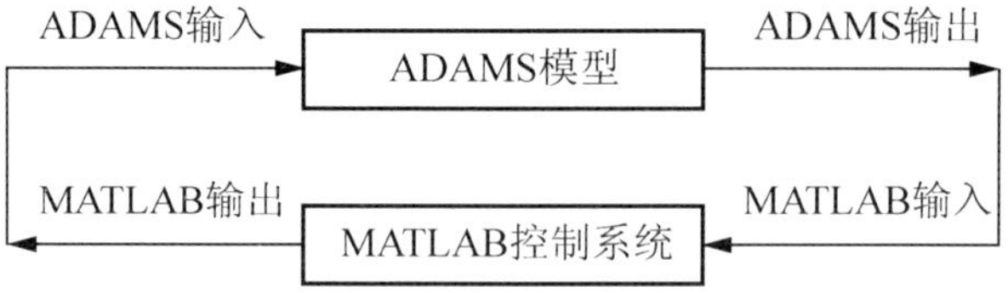

图 8.7 ADAMS 与 MATLAB 的接口

按照以上步骤，首先在 ADAMS 中建立如图 8.4 所示的滑竿驱动式摇椅 ADAMS 仿真模型，设置动力传动钢杆与 POINT0 之间的动力机构 Rot Joint Motion，定义电机转速(弧度/s)为输入变量、摇椅角度(°)和水平位移(mm)为输出变量；然后，通过 ADAMS/CONTROL 模块输出 ADAMS 的机械系统模型；最后，在 MATLAB 里面建立摇椅自抗扰控制系统结构框架图，如图 8.8 所示。

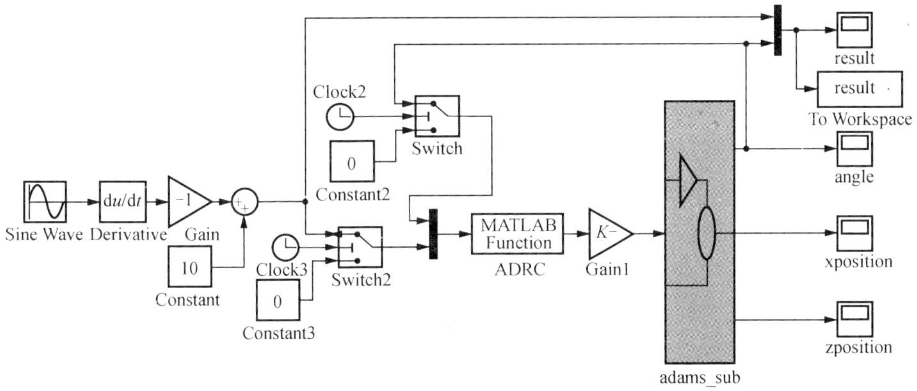

图 8.8　摇椅自抗扰控制系统结构框架

图 8.8 中，子模块 adams_ sub 为 ADAMS/CONTROL 生成的摇椅模型，ADRC 为调用自控扰控制器函数的 MATLAB Function 模块，实现自抗扰控制功能，模块的输入为摇椅模型的角度输出和目标角度，输出为电机转速，与 adams_ sub 的输入相连，实现对摇椅的驱动控制功能。

3. 联合仿真结果及分析

定义摇椅目标角度方程为

$$\theta(t) = \frac{A}{2}\left(1 - \cos\left(\frac{\pi F t}{30}\right)\right) \tag{8-7}$$

其中，F 为目标运动频率，单位为次/min；A 为最大摇转角度，单位为度。

1）无干扰情况下的控制研究

在无干扰情况下，分别研究不同运动频率范围和最大摇转角度时自抗扰控制器的控制效果，其中运动频率变化范围为［10，20］次/s，最大摇转角度的变化范围［15 ~30］°。

图 8.9 是运动频率为 10 次/s、最大摇转角度为 20°的目标运动角度条件下的控制效果图，图 8.10 是运动频率为 15 次/s、最大摇转角度为 30°的目标运动角度条件下的控制效果图，其中实线表示目标角度曲线，虚线表示实际运动角度曲线，点划线表示控制电机转速。

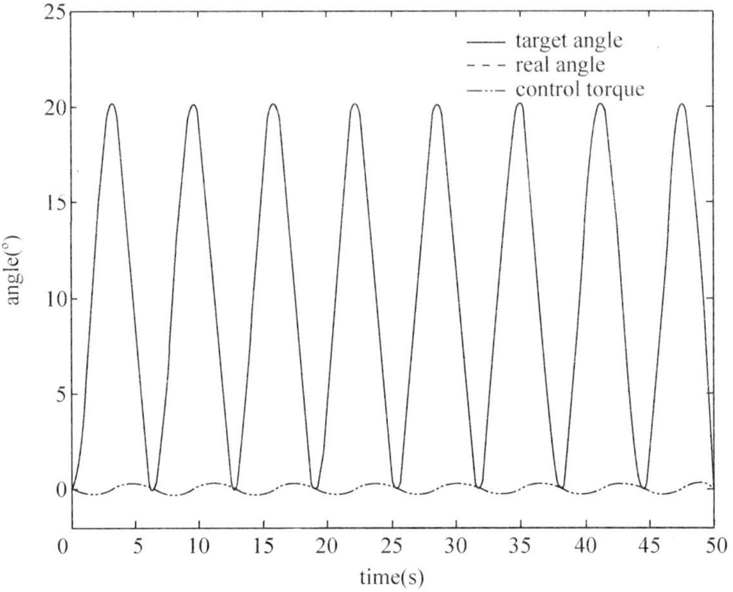

图 8.9　运动频率 10 次/s、最大摇转角度 20°时的控制效果

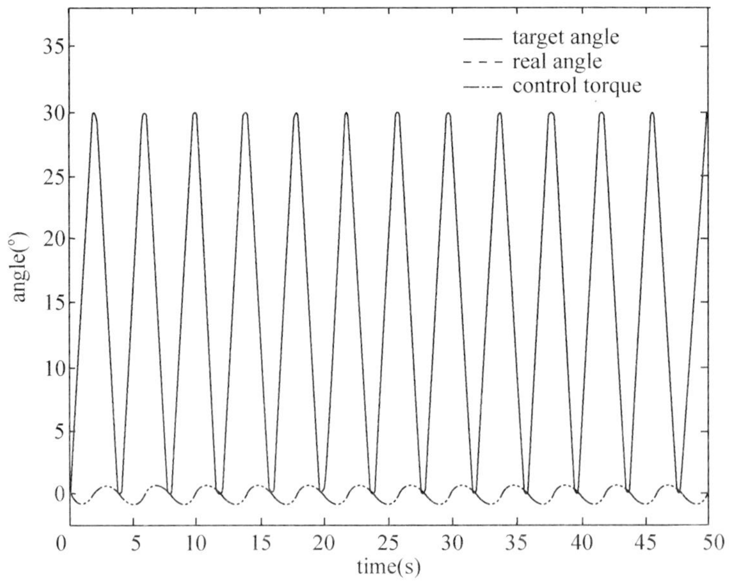

图 8.10　运动频率 10 次/s、最大摇转角度 30°时的控制效果

从图 8.9 和图 8.10 的控制效果图可知，自抗扰控制器能精确地实现摇椅的目标动作控制，对比目标角度曲线和实际运动角度曲线，该控制器控制误差小、反应速度快，平稳变化的电机转速输出曲线表明该控制器的摇椅稳定控制性能，可以降低打滑幅度。

在自抗扰控制器的参数设置上，可按照之前介绍的参数整定步骤进行确定，以上两组仿真实验所用到的自抗扰控制器各关键参数设置值见表 8－3。

表 8－3　无干扰情况下自抗扰控制器各关键参数设置值

运动频率 10 次/s 最大摇转角度 20°				运动频率 15 次/s 最大摇转角度 30°			
参数名	参数值	参数名	参数值	参数名	参数值	参数名	参数值
h	0.1	β_{01}	0.5	h	0.1	β_{01}	0.5
β_{02}	2	β_{03}	1	β_{02}	2	β_{03}	1
β_1	0.005	β_2	0.01	β_1	0.03	β_2	0.03
b_0	30			b_0	30		

从表 8－3 数据可知，不同目标动作所对应的与微分跟踪器、扩张状态观测器相关参数基本相同，而非线性控制规律相关参数 β_1 和 β_2 不同，因此在实际的控制器设计中，只需要通过实验建立 A、F 与 β_1、β_2 之间的数据关系，并使用相同的除 β_1、β_2 外的自抗扰控制器参数，就可以完成各种目标的精确控制功能。

2）干扰情况下的控制研究

以运动频率为 10 次/s、最大摇转角度为 20°的目标运动角度条件下控制为例，在 adams_ sub 摇椅角度输出加扰动，模拟使用者挪动身体对摇椅产生的干扰。仿真时间设置为 24s，在 2.75、10、20s 处，加入周期为 0.5s、幅值分别为 3°、5°、4°的正弦干扰，对摇椅分别运动在端点、后仰、前倾 3 个状态的抗干扰效果进行研究。

作为比较，本书同时进行了增量式 PID 控制系统的仿真，离散型增量式 PID 控制算法[137]如下：

$$u(k)=K_p(e(k)-e(k-1))+K_i\cdot e(k)+K_d(e(k)-2e(k-1)+e(k-2)) \quad (8-8)$$

其中，u 为输出控制量，e 为控制误差，K_p、K_i、K_d 分别为比例、积分、微分系数。

图 8. 11 和图 8. 12 分别为摇椅系统受干扰时自抗扰控制器和 PID 控制器下的控制效果，其中实线为目标角度曲线，虚线为实际角度曲线，点划线为外部干扰信号；图 8. 13 和图 8. 14 分别为摇椅系统受干扰时自抗扰控制器和 PID 控制器下的位移曲线。

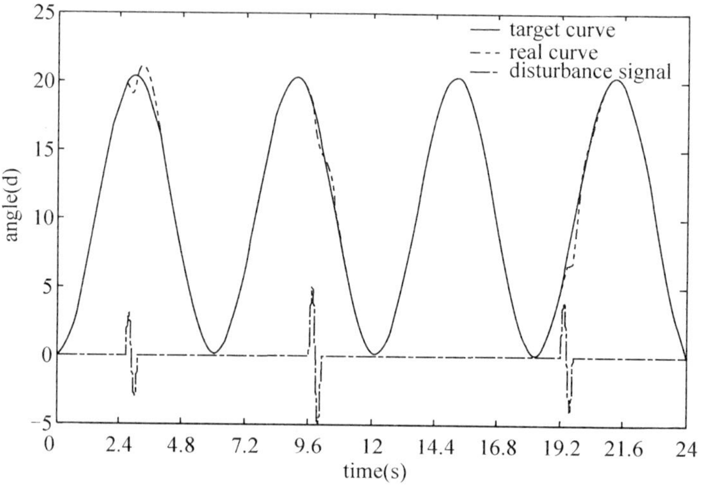

图 8. 11　外部扰动时 ADRC 控制系统角度曲线

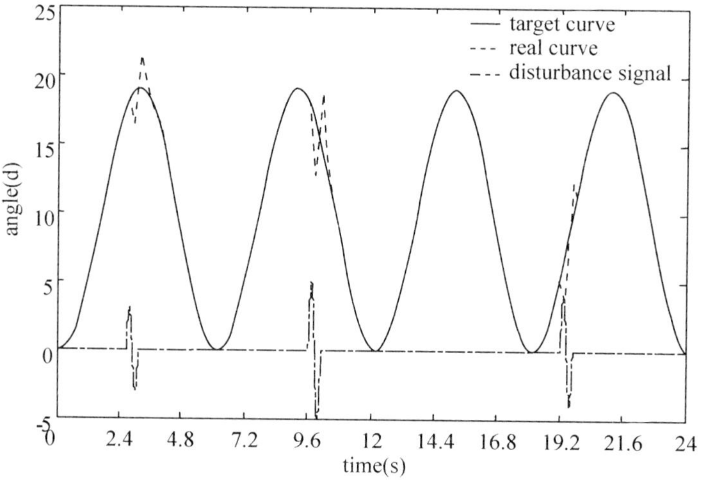

图 8. 12　外部扰动时 PID 控制系统角度曲线

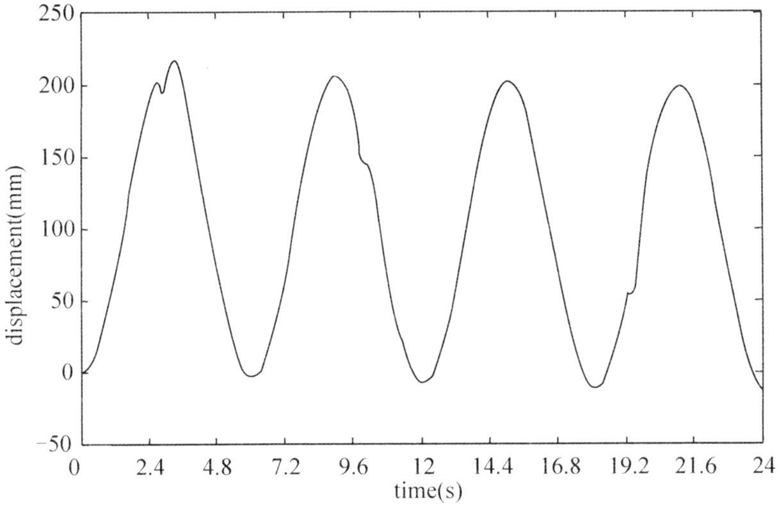

图 8.13　外部扰动时 ADRC 控制系统位移曲线

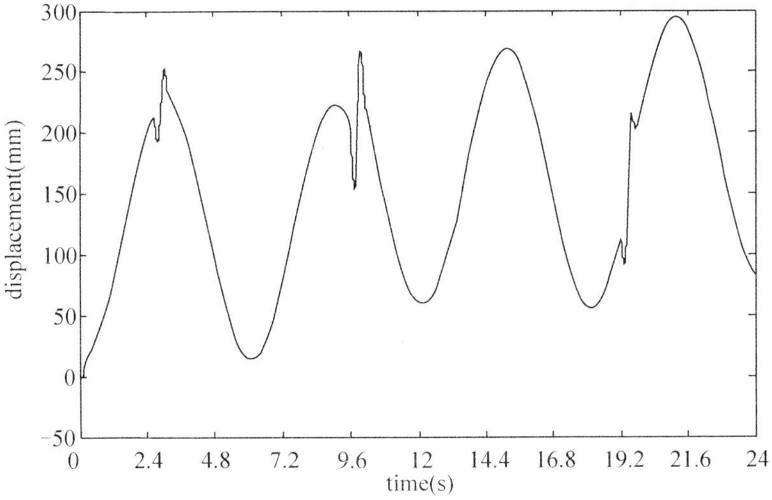

图 8.14　外部扰动时 PID 控制系统位移曲线

通过比较可看出，与 PID 控制系统相比，ADRC 控制系统的抗干扰能力更强，发生外部扰动后，输出波动较小，且恢复平稳的速度较快。说明本书所设计的摇椅自抗扰控制系统具有良好的适应性，具有一定的工程应用价值。

8.4.3 力矩电机驱动的专家知识 PID 控制器设计

1. 摇椅受力分析

摇椅的动作可分解为水平方向的平移和以圆弧支架圆心为转心的转动，对摇椅进行受力分析，如图 8.15 所示。其中，O 为圆弧支架圆心，A 为滑槽杆与连杆的接触点，B 为电机输出轴中心，C 为人、座椅和圆弧支架组成的联合体的重心，D 为圆弧支架与轨道接触点，l_1 为电机输出轴中心 B 与滑槽杆和连杆接触点之间的距离，l_2 为人、座椅和圆弧支架组成的联合体的重心 C 与圆弧支架圆心之间的距离，α 为 AB 与竖直方向的夹角，β 为 CO 与竖直方向的夹角。

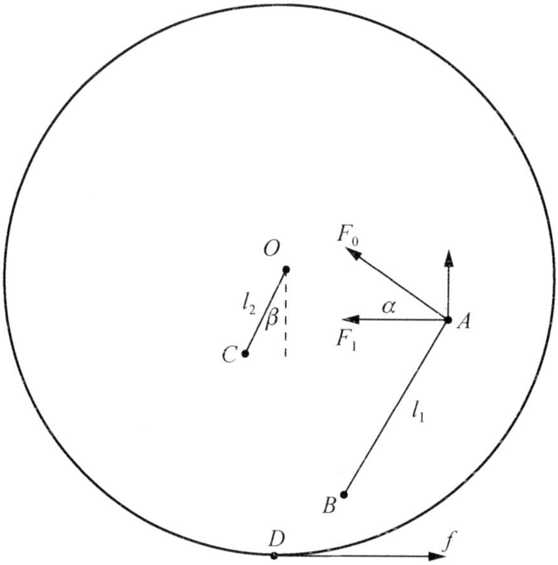

图 8.15 摇椅受力分析

(1) 水平方向平移受力分析。对 A 点有：

$$T_0 = F_0 \cdot l_1 \tag{8-9}$$

$$F_1 = F_0 \cdot \cos(\alpha) \tag{8-10}$$

其中，T_0 为电机输出扭矩，F_0 为连杆施加在滑槽杆上的作用力，F_1 为对

F_0 进行正交分解后的水平方向分量。

则摇椅受到水平方向合力为：

$$F = F_1 - f \tag{8-11}$$

其中，f 为圆弧支架与轨道之间的摩擦力。

由牛顿第二定律可知：

$$F = ma = m\frac{\mathrm{d}^2 s}{\mathrm{d}t^2} \tag{8-12}$$

其中，m 为人、座椅和圆弧支架组成的联合体的质量，s 为摇椅相对初始状态的水平方向位移。

联合式(8－9)、式(8－10)、式(8－11)、式(8－12)有：

$$T_0 = \frac{m \cdot l_1}{\cos\alpha}\frac{\mathrm{d}^2 s}{\mathrm{d}t^2} + \frac{f \cdot l_1}{\cos\alpha} \tag{8-13}$$

（2）以圆弧支架圆心为转心的转动受力分析。人、座椅和圆弧支架组成的联合体受到的合力矩为：

$$T_1 = f \cdot r + mgl_2\cos\beta \tag{8-14}$$

其中，r 为圆弧支架所在圆的半径，g 为重力加速度。

根据刚体定轴转动定律[138]可得

$$T_1 = \frac{I \cdot \mathrm{d}^2\theta}{\mathrm{d}t^2} \tag{8-15}$$

其中，I 为人、座椅和圆弧支架组成的联合体的转动惯量，θ 为摇椅相对初始状态的角度。

综合式(8－14)、式(8－15)有

$$I \cdot \frac{\mathrm{d}^2\theta}{\mathrm{d}t^2} = f \cdot r + mgl_2\cos\beta \tag{8-16}$$

（3）综合求解。由圆弧支架所在的圆半径 r 可得

$$s = 2\pi r\frac{\theta}{360} = \frac{\pi r\theta}{180} \tag{8-17}$$

令初始状态时 CO 与竖直方向的夹角为 β_0，则有

$$\beta = \beta_0 - \theta \tag{8-18}$$

综合式(8－13)、式(8－16)、式(8－17)、式(8－18)可以得到摇椅转动角度 θ 与电机输出扭矩 T_0 之间的关系表达式为

$$T_0 = \left(\frac{ml_1(\pi r)^2}{180^2\cos\alpha} + \frac{I \cdot l_1}{r\cos\alpha}\right)\frac{\mathrm{d}^2\theta}{\mathrm{d}t^2} - \frac{mgl_1l_2\cos(\beta_0 - \theta)}{r\cos\alpha} \tag{8-19}$$

2. 专家知识 PID 控制器设计

在理想情况下，认为使用者质量 m、初始状态 CO 与竖直方向的夹角 β_0、联合体重心与圆弧支架圆心距离 l_2 已知，且无内、外部干扰，则由式(8－19)可以得到目标角度 θ 与电机输出扭矩 T_0 之间的对应关系，从而实现摇椅的精确控制。但是，在实际运行过程中，许多量都是未知或时变的，且存在复杂的内、外部干扰，因而由式(8－19)所得到的电机输出扭矩 T_0 达不到精确控制目的，需要进行必要的改进。

实际运行过程中，存在以下不确定因素和干扰。

（1）使用者质量不确定。相同年龄层使用者质量存在一定的差别，不同年龄层差别较大。

（2）初始状态 CO 与竖直方向的夹角 β_0 不确定。使用者质量、坐姿的不同会使 β_0 不确定，且在摇椅运行过程中随着使用者坐姿的调整而改变。

（3）联合体重心与圆弧支架圆心之间的距离 l_2 不确定。使用者质量、坐姿的不同会使 l_2 不确定，且在摇椅运行过程中随着使用者坐姿的调整而改变。

（4）内、外部干扰影响。摇椅圆弧支架与轨道间的滑动，使用者坐姿调整引起的摇椅角度波动，传感器测量误差，电机扭矩输出误差等。

针对以上问题，为了解决大惯量、复合运动模式、驱动方式复杂、易打滑、不确定因素和干扰带来的控制难题，本书提出结合专家知识的 PID 控制器。

设定人、座椅和圆弧支架组成的联合体质量为 M，其中人的质量为使用者平均预期质量，若某使用者质量与平均预期质量之间的差值为 Δm，则 $m = M - \Delta m$，代入式(8－19)计算，可得

$$
\begin{aligned}
T_0 &= \left(\frac{(M-\Delta m)l_1(\pi r)^2}{180^2\cos\alpha} + \frac{I \cdot l_1}{r\cos\alpha}\right)\frac{\mathrm{d}^2\theta}{\mathrm{d}t^2} - \frac{(M-\Delta m)gl_1l_2\cos(\beta_0-\theta)}{r\cos\alpha} \\
&= \left(\frac{Ml_1(\pi r)^2}{180^2\cos\alpha} + \frac{I \cdot l_1}{r\cos\alpha}\right)\frac{\mathrm{d}^2\theta}{\mathrm{d}t^2} - \left(\frac{\Delta m l_1(\pi r)^2}{180^2\cos\alpha}\frac{\mathrm{d}^2\theta}{\mathrm{d}t^2} + \frac{(M-\Delta m)gl_1l_2\cos(\beta_0-\theta)}{r\cos\alpha}\right) \\
&= \Omega\frac{\mathrm{d}^2\theta}{\mathrm{d}t^2} - T_0' \qquad (8-20)
\end{aligned}
$$

其中，Ω 为与使用者平均预期质量 M 相对应的综合转动惯量，在确定的摇椅设计条件下，参数 r、l_1、α 和 I 为已知不变量，因而 Ω 为常量，T_0 可认

为不包括驱动惯量 Ω 所需力矩的补偿力矩。

由式(8-20)可设计如下专家知识 PID 控制器：

$$T = T_{\exp} + T_{pid} \tag{8-21}$$

其中，T_d 为根据专家知识所得到的驱动惯量 Ω 所需力矩，T_{pid} 为补偿力矩，则：

$$T_{\exp} = \left(\frac{Ml_1(\pi r)^2}{180^2\cos\alpha} + \frac{I \cdot l_1}{r\cos\alpha}\right)\frac{\mathrm{d}^2\theta}{\mathrm{d}t^2} = \Omega\frac{\mathrm{d}^2\theta}{\mathrm{d}t^2} \tag{8-22}$$

$$T_{pid} = T_d - \frac{\Delta ml_1(\pi r)^2}{180^2\cos\alpha}\frac{\mathrm{d}^2\theta}{\mathrm{d}t^2} - \frac{(M-\Delta m)gl_1l_2\cos(\beta_0-\theta)}{r\cos\alpha} \tag{8-23}$$

其中，T_d 为消除干扰的补偿力矩。根据式(8-23)可知，T_{pid} 与许多不确定因素 T_d、Δm、β_0、l_2 相关，导致在实际系统中无法确定，因而采用只与误差有关的增量式 PID 计算 T_{pid}：

$$T_{pid}(k) - K_p(e(k)-e(k-1)) + K_i \cdot e(k) + K_d(e(k)-2e(k-1)+e(k-2)) \tag{8-24}$$

其中，e 为控制误差，K_p、K_i、K_d 分别为比例、积分、微分系数。

综合式(8-21)、式(8-22)和式(8-24)得到完整的专家知识 PID 控制器为

$$\begin{cases} T(k) = T_{\exp}(k) + T_{pid}(k) \\ T_{\exp}(k) = \Omega(\theta(k) - 2\theta(k-1) + \theta(k-2))/\lambda \\ T_{pid}(k) = K_p(e(k)-e(k-1)) + K_i \cdot e(k) + K_d(e(k) - 2e(k-1) + e(k-2)) \end{cases} \tag{8-25}$$

其中，λ 为控制步长。

3. 仿真结果与分析

借助 ADAMS 和 MATLAB 进行了联合仿真研究。下面以运动频率为 15 次/s、最大摇转角度为 30°的目标运动角度条件下控制为例，说明所设计的专家知识 PID 控制器的性能。作为比较，本书同时进行了二阶自抗扰控制系统的仿真。各控制系统的参数设置如下：专家知识 PID 控制系统为 $M=900$、$K_p=400$、$K_i=0.001$、$K_d=0.1$；自抗扰控制系统为 $h=0.1$、$\beta_{01}=10$、$\beta_{02}=20$、$\beta_{03}=100$、$\beta_1=0.1$、$\beta_2=0.3$、$\beta_3=30$。

无干扰情况下的控制研究。图 8.16 和图 8.17 分别为摇椅系统不受干扰时专家知识 PID 控制器和二阶自抗扰控制器的控制效果，其中实线为目

标角度曲线，短虚线为实际角度曲线，长虚线为 PID 控制器力矩输出信号，点划线为总的力矩输出信号。由图 8.16 可知，专家知识 PID 控制器能克服摇椅系统大惯量带来的控制难题，专家知识通过提取目标角度的二阶微分信号，得到与目标角度变化趋势一致的力矩输出信号，当目标角度加速变化时，输出力矩为正，反之输出力矩为负，加之 PID 控制器的实时误差补偿力矩，从而形成控制摇椅目标动作跟随的力矩输出。由图 8.17 可知，二阶自抗扰控制系统在目标角度增大时，由于实际角度小于目标角度，则控制力矩迅速增大，经过一段时间调整后，实际角度开始大于目标角度，此时控制力矩开始减小，但仍大与零，摇椅角度与目标角度的差值越来越大，最后使得摇椅系统无法正常工作。对比专家知识 PID 控制器和二阶自抗扰控制器的控制效果，前者由于利用了专家知识提前采取加速和制动措施，克服了摇椅的大惯量带来的控制难题，结合增量式 PID 的力矩补偿，成功实现了摇椅的力矩智能控制。

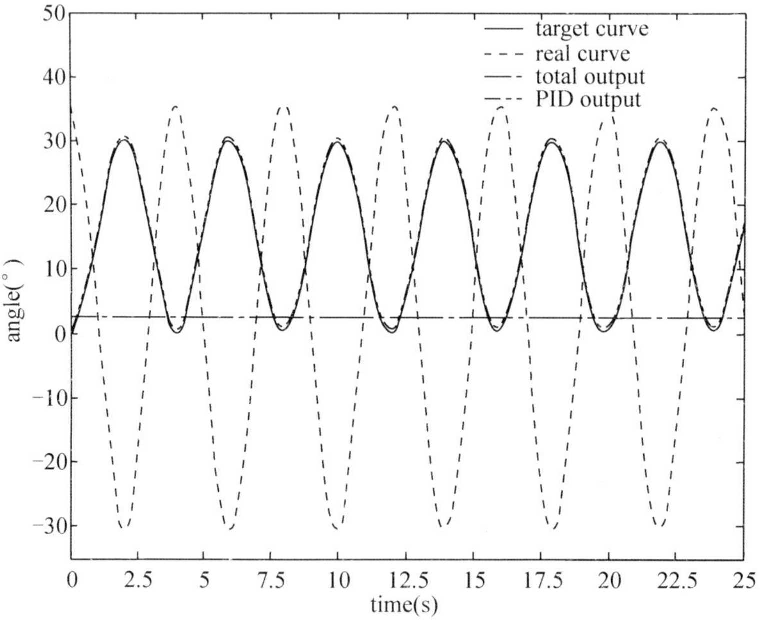

图 8.16　专家知识 PID 控制系统控制效果

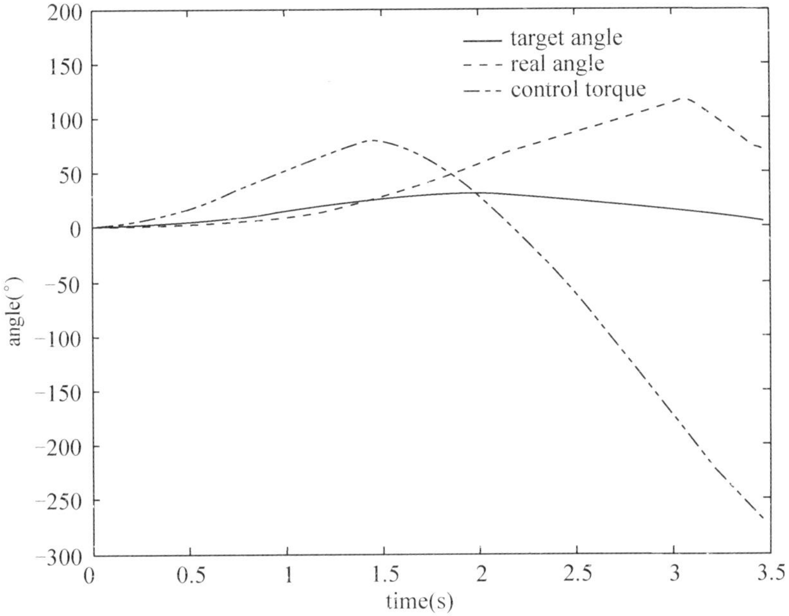

图 8. 17　二阶自抗扰控制系统控制效果

另外，经过研究专家知识 PID 控制器的特点，发现该控制器是在 PID 基础上增加了反映目标角度的二阶导信息，而该信息因存在一个超前的力矩输出使得大惯量摇椅的稳定控制得以实现，这说明目标角度的二阶导是该摇椅控制实现的一个关键量。分析自抗扰控制原理，由于二阶自抗扰控制没有考虑二阶导信息，导致控制效果不够理想，所以从理论角度上考虑，包含二阶导信息的三阶自抗扰控制器可以实现对摇椅的稳定控制。由于时间有限，此项研究将在下一步开展。

干扰情况下的控制研究。同样以运动频率为 15 次/s、最大摇转角度为 30°的目标运动角度条件下控制为例，在 adams_ sub 摇椅角度输出加扰动，模拟使用者挪动身体对摇椅产生的干扰。仿真时间设置为 24s，在 2. 75s、10s、20s 处，加入周期为 0. 5s、幅值分别为 3°、5°、4°的正弦干扰，对摇椅分别运动在前倾、端点、后仰 3 个状态的抗干扰效果进行研究。图 8. 18 为控制效果图，其中实线为目标角度曲线，短虚线为实际角度曲线，长虚线为 PID 控制器力矩输出信号，点划线为总的力矩输出信号。

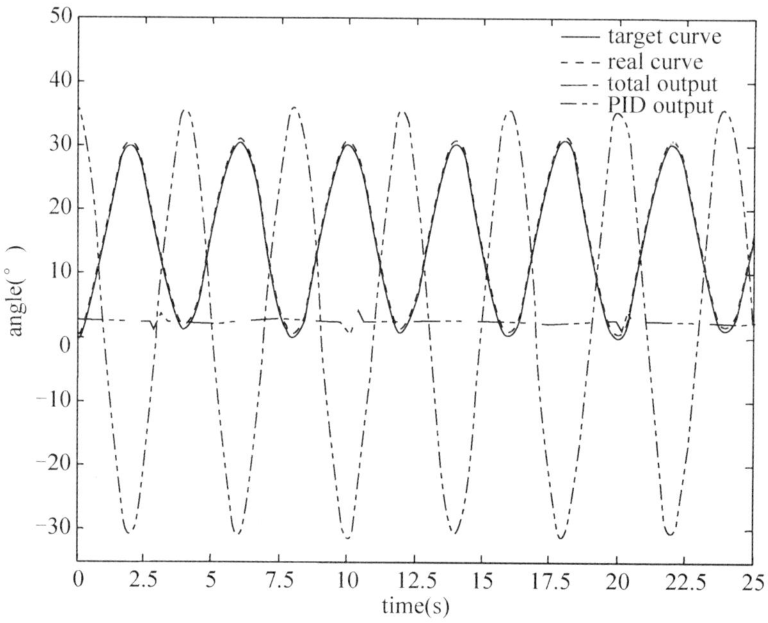

图 8.18 干扰情况下专家知识 PID 控制效果

由图 8.18 可知，当扰动发生时，由于专家知识不受扰动影响，保证了输出力矩的稳定性，且 PID 控制系统能在短时间内恢复正常工作，无较大波动，说明本书所设计的基于专家知识 PID 控制系统能克服外部扰动，具有良好的适应性，具有一定的工程应用价值。

8.5 本章小结

本章在介绍体位变换实验用椅基本功能要求后，提出了多个机械设计备选方案，通过对各个方案的优缺点分析，从中挑选出最佳方案——滑竿驱动式摇椅方案，并借助 ADAMS 进行了仿真研究，结果表明该机械设计方案的可行性。

在成功提出摇椅机械设计方案后，有针对性地研究了智能控制算法。重点解决了因该方案具有的大惯量、复合运动模式、驱动方式复杂、易打滑的特点所产生的控制难题，提出了针对速度伺服的自抗扰控制器，并和增量式PID控制器进行了比较，提出了针对力矩伺服的基于专家知识PID控制器，并与自抗扰控制器进行了对比，最后结合ADAMS和MATLAB进行了联合仿真研究，结果表明了所提出控制器的有效性，可以应用于实际系统。

第9章　总结与展望

本章总结本书所完成的主要研究内容，概括了主要创新点。本书对基于新型同步变压位机械通气方法的建模仿真方法和实验用设备开发进行了研究与探讨，并做了计算机仿真和应用实验，得到了较好的效果，验证了理论研究的有效性。但还有许多没有解决的问题需要进一步研究，最后指出了今后的主要研究方向及所要研究的重点问题。

9.1　本书总结

9.1.1　本书完成的主要研究内容

本书的工作是在广东省科技计划项目(2007B031507010)“同步变位与同步悬空腹变压装置在严重呼吸衰竭的应用与开发”和实用新型专利(ZL200420150410.6)“人工呼吸床(椅)”的支持下进行的。

本书针对正压通气存在诸如气管切开、呼吸机肺炎和撤机难等缺陷，结合横膈膜在呼吸过程中的独特作用，提出同步变压位新型机械通气方法，系统地对腹压机械通气医学生理模型建立方法、基于司法过程的呼吸周期信号司法消噪算法、基于多算法(JDA、EMD、BP和LSSVM)混合的呼吸周期时间序列在线预测算法以及基于自抗扰控制与专家知识PID控制的体位变换实验用椅智能控制算法、实验用设备机械结构设计方案进行了研究，并做了应用实验，得到了较好的效果，验证了理论研究的有效性。本书完成的主要研究内容如下。

1. 提出新型同步变压位机械通气方法和原理

分析正压通气存在的问题，结合呼吸过程中横膈膜的独特作用，提出解决问题的方法，论述同步变压机械通气方法和原理，分别论述该方法两个重要分支——腹部托压机械通气和体位变换机械通气方法及原理，给出前期临床实验结果，并对结果进行讨论。

2. 研究腹部托压机械通气医学生理模型建立方法和通气过程初步优化控制方法

在传统的方法中，研究生理系统主要通过动物实验和人体实验来进行，由于动物生理与人体生理的差异性，故动物实验具有局限性，加之人的个体存在着差异性，所以需要大量的实验数据，耗费大量人力物力，此外，由于设备和技术的限制，以及伦理道德的约束，有些实验不能进行在体实验，而数字仿真技术的采用，为生理系统的科研提供了新的方法和辅助手段，弥补了传统方法的不足。因此对腹部托压机械通气方法进行了建模仿真研究，利用最小二乘线形回归方法建立了腹压、胸内压和相对肺容量的关系子模型，通过分析肺的粘弹性特性和气道阻力特点分别建立了二阶线性肺动态顺应性子模型和非线性气道阻力子模型，综合3个子模型构建腹部托压通气方法完整数学模型，在此基础上对腹压形式和通气效果进行了仿真研究，得到了腹压因素与通气效果之间的规律，从而提出了初步的优化控制方案。

3. 提出基于司法过程的呼吸周期时间序列司法消噪算法

针对信号处理消噪方法的不足，将司法处理过程引入到时间序列的消噪处理中，提出了一种包含有新到数据初判、可疑噪声审查、噪声确定处理、法规修订完善等消噪机制的司法消噪算法，实现了对时间序列的噪声和新稳态的处理，并且充分保留数据的原始信息，原理简单且易于操作。从算法的仿真结果来看，新算法能在最大限度保持原始序列特征的前提下有效地消除噪声，并且易于操作。

4. 提出基于司法消噪算法、经验模式分解、最小二乘支持向量机和人工神经网络的多算法混合呼吸周期时间序列在线预测算法

针对呼吸周期时间序列的在线精确预测问题，在司法消噪算法基础上，利用经验模式分解方法对除噪后的数据进行平稳化分解处理；结合BP神经网络、最小二乘支持向量机分别对分解后的低频、高频项进行预测，实现对时间序列的在线精确预测。该算法克服了BP神经网络的高频易发散和最小二乘支持向量机的计算高耗时问题。基于某患者呼吸周期序列预测的仿真和临床实验结果表明，本算法能实现时间序列的在线精确预测，

并且误差小于单一的BP算法，耗时小于单一的LSSVM预测算法。

5. 腹压机械通气实验用床机械结构设计、床体加工和控制系统开发

制定腹压机械通气实验用床的详细功能要求，提出包含头胸段、腹腿段、小腿段和托压板的分段结构机械设计方案，并根据临床实验的反馈信息给出了改进完善方案；制定实验用床智能控制软件的基本要求，提出基于模块化架构的软件总体设计方案，详细阐述了呼吸信号处理模块、腹部托板驱动模块、实验数据存储模块、人机界面模块的设计方案和具体实现。

6. 提出体位变换实验用摇椅机械设计方案并进行仿真研究

制定体位变换通气实验用椅的详细功能要求，提出3个被选方案：双轮驱动式、夹压驱动式和滑竿驱动式摇椅方案，详细分析各方案的优缺点，并根据功能要求选择滑竿驱动式摇椅方案为最优机械方案。借助机械仿真软件ADAMS，建立滑竿驱动式摇椅的机械仿真模型，并进行了自然摇动、一般功能测试和打滑测试仿真实验，结果表明该设计方案的可行性，为以后建立实验用椅系统打下基础。

7. 提出基于自抗扰控制和专家知识PID控制的体位变换实验用摇椅智能控制算法

分析滑竿驱动式摇椅方案在控制实现上存在的3个难点：大惯量系统控制问题、干扰出现时的平稳控制问题和打滑问题。针对这些控制难题，提出了与滑竿驱动式摇椅方案相配套的控制算法。对于速度伺服驱动方案，提出基于自抗扰控制理论的自抗扰控制器，并与传统的增量式PID控制算法进行比较，对于力矩伺服驱动方案，提出基于专家知识的PID控制器，并与自抗扰控制器进行了对比，最后结合ADAMS和MATLAB进行了联合仿真研究，结果表明了所提出控制器的有效性，为以后实验用椅系统的建立打下了基础。

9.1.2 本书的主要创新点

（1）建立了腹部托压机械通气方法完整数学模型。腹部托压辅助通气的相关研究在国内外至今还是一个空白，因此，本书所有相关的研究工作

都是从零开始的。从通气理论的提出到前期基于简易装置的实验，腹部托压通气方法的效果基本被认定，但是这些工作还远远不足以说明该方法的有效性，因此需要更深层次的研究工作的开展，其中医学生理数学模型的建立是一个周期短、风险低、实用性强的研究方法。本书利用最小二乘线形回归方法建立了腹压、胸内压和相对肺容量的关系子模型，建立了横膈膜与呼吸之间的关系。通过分析肺的粘弹性特性和气道阻力特点分别建立了二阶线性肺动态顺应性子模型和非线性气道阻力子模型，综合3个子模型构建腹部托压通气方法完整数学模型。借助该模型和MATLAB仿真工具，进行了系列的腹压形式和通气效果仿真研究，得到了腹压因素与通气效果之间的规律，并提出了初步的优化控制方案。

（2）提出了基于司法过程的时间序列司法消噪算法。针对信号处理消噪方法的不足，将司法处理过程引入到时间序列的消噪处理中，提出了一种包含有新到数据初判、可疑噪声审查、噪声确定处理、法规修订完善等消噪机制的司法消噪算法。分别建立了法规综合函数、数据接受函数、数据替代函数、法规修订驱动函数、数据临时监狱，实现了消噪过程的数学计算转化。仿真结果表明，该算法实现了对时间序列的噪声和新稳态的处理，并且充分保留数据的原始信息。

（3）提出了综合司法消噪算法、经验模式分解、最小二乘支持向量机和BP人工神经网络的多算法混合时间序列在线精确预测算法。最小二乘支持向量机和BP神经网络都可以用来对时间序列进行预测，前者预测精度高但收敛慢，后者收敛快但高频易发散，为了能充分利用两种算法的优点，采用经验模型分解为纽带，将分解后的高、低频项分别用最小二乘支持向量机、BP人工神经网络来预测，既提高运算速度又能获得较好的预测精度，同时在分解之前利用司法消噪算法进行降噪处理，剔除高频分量，减小分量总数，加快预测速度并且提高预测精度。

（4）开发了基于腹部托压机械通气方法的实验用床系统。实验床系统的开发意义深远，所有的临床医学实验都是以此为基础开展的，因此又快又好地开发出该系统对后面的研究影响很大，但由于国内外还没有相关的研究，因此开发工作几乎从零开始。本书在制定腹压机械通气实验用床详细功能要求的前提下，提出了包含头胸段、腹腿段、小腿段和托压板的分段结构机械设计方案，满足了不同参数条件下的实验要求，并且利用它随时加工和更改机械结构；在制定实验用床智能控制软件基本要求的前提下，提出基于模块化架构的软件总体设计方案，模块化架构使得代码管理、功能升级和工作转接易于实现。该实验用床系统已应用于广州呼吸疾病研究所，至今运行稳定可靠，实验结果良好。

（5）利用 ADAMS 机械仿真软件对体位变换机械通气实验用椅机械设计方案进行仿真研究；提出了针对速度伺服的基于自抗扰控制理论的控制器，其控制精度高、抗干扰能力强、输出稳定的优点使摇椅的稳定控制得以实现；提出了针对力矩伺服的专家知识 PID 控制器，通过对摇椅系统的受力分析，建立能快速反应并跟随目标变化趋势的专家知识，结合 PID 控制理论实时确立包含干扰抑制的力矩补偿，综合形成稳定控制力矩，实现力矩驱动方式智能控制功能；利用 ADAMS 强大的运动学和动力学分析功能，结合 MATLAB 强大的计算功能、计算结果可视化以及极高的编程效率优点，对所提出的控制算法进行仿真研究，解决了机械结构模型建立难、实验设备成本高带来的研究难题。

9.2 研究展望

本书通过以上的研究工作，对基于新型同步变压位机械通气方法的建模仿真方法和实验用设备开发进行了研究与探讨，并做了计算机仿真和实验。但还有许多没有解决的问题需要进一步的研究，今后的主要研究方向及研究重点如下。

（1）腹部托压机械通气方法模型还需要进一步改进和完善。首先，已建模型是以人无自主呼吸为条件的，因此无法借助该模型研究与呼吸同步辅助通气效果，故如何在模型中加入自主呼吸因素需要进一步研究和探索。其次，已建模型是以胃内压为模型输入的，而实际的腹部托压机械通气是以腹部托压力为输入的，由于人体腹部是一个不规则的弹性体，如何建立腹部压力与胃内压的关系模型需要下一步研究。最后，模型的验证还需要更多的临床实验数据支持。

（2）司法消噪算法还需要进一步研究。基于司法过程的司法消噪算法实现了对时间序列的噪声和新稳态的处理，充分保留了数据的原始信息，但该算法还并不完善。算法的法规综合函数、数据接受函数、数据替代函数、法规修订驱动函数、数据临时监狱比较简单，数据消噪过程还需要进一步完善，各参数的整定原则需要确定，因此如何找到更合适的算法函数、怎样完善数据消噪过程、各参数对应何种整定原则需要下一步研究和探讨。

(3) 实验用床机械结构设计方案还比较简单，需要完善和改进。当前腹部托压实验用床还需要在如下几个方面进行完善：硬板软垫托压方式输出的托压力不能实时检测和闭环控制，致使系统无法得到托压力与通气效果之间的关系、不具备托压力过大安全保护功能和不具备托压力过小压力补偿功能；头部处理装置使得患者在长时间的临床实验过程中颈部酸痛；电机系统电磁干扰过大；存在患者身体滑动现象。

(4) 实验用椅机械设计进一步完善。实验用椅机械设计方案现在还处于计算机仿真实验阶段，尽管仿真实验已经表明该方案的可行性，但如何低成本解决打滑问题、怎样通过非面罩形式采集呼吸信号、电机驱动形式选择哪一种需要进一步研究。

(5) 同步变压位机械通气实验用设备开发。本书介绍的实验用设备开发中只包括利用变压法的腹部托压床和利用变位法的体位变换椅设备开发，它们仅仅是同步变压位机械通气实验用设备开发的基础性研究工作，前期的实验告诉我们，结合变压法和变位法的同步变压位机械通气方法会得到更佳的通气效果。因此，下一步需要进入的是同步变压位实验用床和同步变压位实验用椅开发，由于在一台设备上综合了变压和变位，所以开发难度会更大。

参 考 文 献

[1] Karen Chen, Geoorge L, Sternbach, et al. Mechanical Ventilation: Past and Present[J]. The Journal of Emergency Medicine, 1998, 16(3): 453-460.

[2] 袁启明. 呼吸机技术和市场现状[J]. 上海医药情报研究, 2005, 77(6): 43-43.

[3] 张劭夫, 刘又宁. 机械通气发展简史[J]. 中华医史杂志, 1998, 28(4): 202-205.

[4] 陈嫮, 陈维进. 机械通气相关肺炎危险因素分析[J]. 中华医院感染学杂志, 2000, 10(2): 83.

[5] 秦文翰. 临床重症监护治疗[M]. 北京: 人民军医出版社, 2000

[6] 田素霞. 呼吸机相关肺炎的发生原因及护理对策探讨[J]. 郴州医学高等专科学校学报, 2003, 5(2): 14.

[7] 张中伟, 周琰, 康焰. 呼吸机相关性肺炎的病原学特点及其防治[J]. 中国呼吸与危重监护杂志, 2002, 1(4): 243-245.

[8] 陈天狮, 陈良安. 机械通气肺损伤的发生机制[J]. 军医进修学院学报, 2005, 26(3): 238-239.

[9] 刘颖, 师建国, 王波. 机械通气呼吸频率变化相关肺损伤的实验研究[J]. 第四军医大学学报, 2007, 28(3): 270-272.

[10] 丘洁, 解建. 机械通气相关肺损伤[J]. 山东医药, 2003, 43(31): 59-60.

[11] 郑方. 机械通气与肺损伤[J]. 中国麻醉学杂志, 2000, 20(1): 61-62.

[12] 马敏, 侯兰珍. 监护设备对病人造成医原性损伤的预防[J]. 山西护理杂志, 1999, 13(3): 113-114.

[13] 李桂芳. 肺保护策略与重症支气管哮喘的机械通气治疗[J]. 局解手术学杂志, 2004, 13(4): 248-249.

[14] 何权瀛. 试论肺内不均匀通气的临床意义[J]. 中华结核和呼吸杂志, 2000, 23(9): 524-526.

[15] Giraldo BF, Chaparro J, Ballesteros D, et al. Study of the respiratory pattern/variability in patients during weaning trials[C]. Proceedings of the 26th Annual International Conference of the IEEE EMBS, San Francisco,

CA, USA · September 1 – 5, 2004.

[16] Tong DA, Golden EB, Napper SA, et al. Weanpro: a weaning protocol expert system[C]. Engineering in Medicine and Biology Society, 1989. Images of the Twenty-First Century. Proceedings of the Annual International Conference of the IEEE Engineering.

[17] 胡旭东,曾邦雄. 撤离呼吸机的有关问题[J]. 国外医学麻醉学与复苏分册,1998,19(3):181 – 183.

[18] 容俊芳,陈伯銮. 呼吸机撤离的若干问题[J]. 国外医学麻醉学与复苏分册,1994,15(3):172 – 174.

[19] Rosell J, Webster JG. Signal-to-motion artifact ratio versus frequency for impedance pneumography[J]. IEEE Trans BMEI,1995,42:321 – 323.

[20] Javier R, Kevin PC, John GW. Reduction of motion artifacts using a two-frequency impedance plethysmography and adaptive filtering[J]. IEEE Trans BMEI,1995,42:1044 – 1048.

[21] 王卫红,鲍咸能,王博亮. 双频率阻抗法在呼吸监测中的应用研究[J]. 航天医学与医学工程,1999,12(1):51 – 55.

[22] Moody GB, Mark RG, Zoccola A. Derivation of respiratory signals from multi-lead ECGs[A]. In: Computers in Cardiology[C]. Washington: IEEE Computer Society Press,1985,12:113 – 116.

[23] Varanini M, Emdin M, Allegri F, et al. Adaptive filtering of ECG signal for deriving respiratory activity[A]. In: Computers in Cardiology[C]. Chicago: IEEE Computer Society,1990,621 – 624.

[24] Carro E, Laguna P, Wohlfart B. Vectorcardiographic loop alignment and the measurement of morphologic beat-to-beat variability in noisy signal[J]. IEEE Trans BME,2000,47:497 – 506.

[25] Yap YL, Mussavi Z. Accoustic airflow estimation from tracheal sound power [A]. In: Electrical and Computer Engineering[C]. Canadian: IEEE CCECE,2002,2: 1073 – 1076.

[26] Hossain I, Moussavi Z. Relationship between airflow and normal lung sounds[A]. In: Electrical and Computer Engineering[C]. Canadian: IEEE CCECE,2002,2.1120 – 1122.

[27] Robert L. Engineering principles applied to mechanical ventilation[A]. In: Proceedings of the 25th Annual International Conference of the IEEE [C]. Mexico: IEEE-EMBS, 2003, 1: 17 - 21.

[28] Hormann C, Baum M, Putensen C, et al. Biphasic positive airway pressure (BiPAP)-a new mode of ventilatory support[J]. Eur J Anaesthesiol, 1994, 11: 37 - 42.

[29] 李振华,郑欲知. 双重控制通气模式解析[J]. 医疗设备信息,2005,20(6):31 - 32.

[30] Teschler H, Dohring J, Wang Youming, et al. Adaptive pressure support servoventilation: a novel treatment for Cheyne-Stokes respiration in heart failure[J]. AmJ Respir Crit Care Med, 2001, 164: 614 - 619.

[31] Tassaux D, Dalmas E, Gratadour P, et al. Patient-ventilator interactions during partial ventilatory support: a preliminary study comparing the effects of adaptive support ventilation with synchronized intermittent mandatory ventilation plus inspiratory pressure support [J]. Crit Care Med, 2002, 30: 801 - 807.

[32] Hart N, Hunt A, Polkey MI, et al. Comparison of proportional assist ventilation and pressure support ventilation in chronic respiratory failure due to neuromuscular and chest wall deformity[J]. Thorax, 2002, 57: 979 - 981.

[33] Wellman A, Malhotra A, Fogel RB, et al. Respiratory system loop gain innormal men and women measured with proportional-assist ventilation[J]. J Appl Physiol, 2003, 94: 205 - 212.

[34] Iotti GA, Brunner JX, Braschi A, et al. Closed-loop control of airway occlusion pressure at 0.1 second ($P_{0.1}$) applied to pressure support ventilation: algorithm and application in intubated patients[J]. Crit Care Med, 1996, 24: 771 - 779.

[35] Nemoto T, Hatzakis GE, Thorpe CW, et al. Automatic control of pressure support mechanical ventilation using fuzzy logic[J]. Am J Respir Crit Care Med, 1999, 160: 550 - 556.

[36] Clough AV, Audi SH, Molthen RC, et al. Lung circulation modeling: status and prospect[J]. Proceeding of the IEEE, 2006, 94(4): 753 - 768.

[37] Borrello M, Trex Enterprises, San Diego, et al. Modeling and control of systems for critical care ventilation[A]. In: Proceedings of the 2005 American Control Conference[C]. Portland, OR, USA: IEEE, 2005. 2166 - 2180.

[38] 余续刚,周付根. 基于图像跟踪的呼吸运动分析[J]. 中国体视学与图像分析,2006,11(1):22 - 26.

[39] Rios CA, Tafur JC. Mathematical model and control of the pneumatic system of a lung ventilator prototype[A]. In: Proceedings of the 25th Annual International Conference of the IEEE Engineering in Medicine and Biology Society [C]. Mexico: IEEE - EMBS, 2003. 3:2776 - 2779.

[40] Lukyyanov G, Rassadina A, Usachev V. Comparison and the analysis of the processes of the movement of air through the human breathing system and its natural model[A]. In: Physics and Control Proceedings of the 2005 IEEE International Conference[C]. Barcelona: IEEE, 2005. 872 - 875.

[41] Mesic S, Babuska R, Hoogsteden HC, et al. Computer-controlled mechanical simulation of the artificially ventilated human respiratory system[J]. IEEE Trans BME, 2003, 50(6):731 - 743.

[42] 李宝生,等. 腹部压块对膈肌运动影响的研究[J]. 肿瘤防治杂志,2003,10(10):1093 - 1095.

[43] 蔡芬. 不同体位对呼吸机相关性肺炎的影响[J]. 齐鲁护理杂志,2006,12(4):606 - 607.

[44] 张兵,信如梅,钟秀玲. 体位对呼吸机相关肺炎的影响[J]. 现代护理,2006,12(15):1402 - 1403.

[45] 姚泰,罗自强. 生理学[M]. 北京:人民卫生出版社,2001:180 - 197.

[46] 李宪玉,张波,刘敏,等. 伏卧位时与呼气同步托压悬空腹对潮气量的影响[J]. 人民军医,2006,49(9):510 - 512.

[47] 李宪玉,刘敏,张波,等. 与呼吸同步变换体位对呼吸功能的影响[J]. 航空军医,2005,33(1):16 - 17.

[48] 许继平,钟秋海,岑燕遗,等. 腹压机械通气中的建模仿真研究[J]. 北京理工大学学报,2007,增1:220 - 225.

[49] 许继平,钟秋海,徐远达,等. 智能控制和建模仿真在机械通气中的应用[J]. 中国生物医学工程学报,2007,26(3):111 - 116.

[50] 郑则广,陈荣昌,余革,等. 口腔压或气道内压与食道内压和跨膈压的关系[J]. 中华结核和呼吸杂志,2006,29(3):181－184.

[51] Lechtzin N, Wiener DM, Shad L, et al. Spirometry in the Supine Position Improves the Detection of Diaphragmatic Weakness in Patients With Amyotrophic Lateral Sclerosis[J]. Chest,2002,121(2):436－442.

[52] The MathWorks, Inc. Statistics Toolbox User's Guide[EB/OL]. http://www. mathworks. com/access/helpdesk/help/toolbox/stats/[2005. 08].

[53] Kaisai ML, Chang KC. Viscoelastic Damper: a Damper with Linear or Nolinear Material [A]. Eleventh World Conference on Earthquake Engineering,1996.

[54] 高淑华,赵阳,李淑娟,等. 粘弹性结构动力学分析的等效粘性阻尼算法[J]. 震动与冲击,2005,24(1):18－21.

[55] 周云,徐赵东,赵鸿铁. 粘弹性阻尼结构的性能、分析及工程应用[J]. 地震工程与工程震动,1998,18(3):96－107.

[56] Park SW. Analytical Modeling of Viscoelastic Damper for Structural and Vibration Control[J]. International Journal of Solids and Structures,2001,38(44):8065－8092.

[57] Warlus S, Ponton A, Leslous. A Dynamic Viscoelastic Properties of Silica Alkoxide during the Sol-gel Transition[J]. European Physical Jounal E,2003,12(2):275－282.

[58] 许政,王庆,付志一. Maxwell 模型粘弹性体本构关系的递推及应用[J]. 工程力学,2003,增刊:362－365.

[59] 孙淮清,王建中. 流量测量节流装置设计手册[M]. 北京:化学工业出版社,2005.

[60] Mason RJ, Broaddus VC, Murray JF, et al. Murray and Nadel's Textbook of Respiratory Medicine[M]. [S. L.]: Saunders,2005.

[61] 赵卫国,刘又宁. 一种机械通气辅助新技术——死腔内气体吸出[J]. 中国危重急救医学,2002,14(3):179－181.

[62] 申雪琴,张立华,霍霞,等. 脉搏血氧饱和度监测在高龄机械通气患者中的应用[J]. 护士进修杂志,2004,19(3):270.

[63] Sharp CS, Shakeemia O, Shankar SS. A Vision System for Landing an Un-

manned Aerial Vehicle[A]. In:Seoul Korea, IEEE Computer Soc Conference on Robotics and Automation[C]. 2001,1721 – 1727.

[64] 刘大为. 危重病医学/高级医师案头丛书[M]. 北京:中国协和医科大学出版社,2004.

[65] 邓聚龙,灰理论基础[M]. 武汉:华中科技大学出版社,2002:361 – 392.

[66] 刘思峰,等. 灰色系统理论及其应用[M]. 北京:科学出版社,2004:20 – 76.

[67] Lu H C. Universal GM (1,1) Model Based on Data Mapping Concept[J]. J of Grey System,1996,8(4):307 – 319.

[68] 邓聚龙. 灰预测与灰决策[M]. 武汉:华中科技大学出版社,2002.

[69] 李锋,邓聚龙. 灰色系统理论的发展概况[J]. 信息与开发. 2000,3:6 – 9.

[70] 王正新,党耀国,刘思峰. 基于离散指数函数优化的 GM(1,1)模型[J]. 系统工程理论与实践,2008,(2):26 – 33.

[71] 肖新平,宋中民,李峰. 灰技术基础及其应用[M]. 北京:科学出版社,2005:174 – 178.

[72] Ming Feng Yeh, Hung Ching Lu. A new modified grey model. [J]. The Journal of Grey System. 1996,8(3):209 – 216.

[73] Deng Ju Long. Solution of grey differential equation for $GM(1,1 \mid \tau, r)$ in matrix train [J]. The Journal of Grey System,2002,14(1):105 – 110.

[74] 沈建国. 灰色 GM(1,1)模型的改进及其应用[J]. 数学的认识与实践,1990,(3):10 – 15.

[75] Kaderli A, Kayhan AS. Spectral estimation of ARMA processes using ARMA-cepstrum recursion [J]. Signal Processing Letters, 2000, 7 (9): 259 – 261.

[76] Contreras J, Espinola R, Nogales FJ, et al. ARIMA Models to Predict Next-Day Electricity Prices[J]. Power Systems,2003,18(3):1014 – 1020.

[77] 玄兆燕,杨公训. 经验模态分解法在大气时间序列预测中的应用[J]. 自动化学报,2008,34(1):97 – 101.

[78] 李楠,曾兴雯. 基于 EMD 和神经网络的时间序列预测[J]. 西安邮电学院学报,2007,12(1):51 – 54.

[79] 王强,周云龙,崔玉峰,等. EMD 与神经网络在汽液两相相流型识别中

的应用[J]. 工程热物理学报,2007,28(3):442-444.
[80] 叶美盈,汪晓东,张皓然. 基于在线最小二乘向量机回归的混沌时间序列预测[J]. 物理学报,2005,54(6):2568-2573.
[81] Kruif, BJ, Vries TJ. Support-vector-based least squares for learning non-linear dynamics[A]. In: Decision and Control, 2002, Proceedings of the 41st IEEE Confcrence[C], 2:1343-1348
[82] Yang KH, Shan GL, Zhao LL. Application of Least Squares Support Vector Machine on Vehicle Recognition[A]. In: ISDA '06. Sixth International Conference[C], 1:217-221.
[83] Tang EK, Suganthan PN, Yao X. Feature Selection for Microarray Data Using Least Squares SVM and Particle Swarm Optimization[A]. In: CIBCB '05. Proceedings of the 2005 IEEE Symposium[C], 1-8.
[84] 阎威武,常俊林,邵惠鹤. 基于滚动时间窗的最小二乘支持向量机回归估计方法和仿真[J]. 上海交通大学学报,2004,38(4):524-526.
[85] Kruif, BJ, Vries TJ. Pruning Error Minimization in Least Squares Support Vector Machines[J]. Neural Networks, 2003, 14(3):696-702.
[86] 唐烈英. 司法过程的逻辑与法律技术[J]. 社会科学研究,2005,3:82-87.
[87] McClure WF, Hamid A, Giesbrecht FG, et al. Fourier Analysis Enhances NIR Diffuse Reflectance Spectroscopy[J]. Applied Spectroscopy, 1984, 38:322.
[88] [美]珀西瓦尔,等. 时间序列分析的小波方法[M]. 程正兴,译. 北京:机械工业出版社,2005.
[89] Last M, Klein Y, Kandel A. Knowledge Discovery in Time Series Database[J]. IEEE Trans on System, man, and Cybernetics-part b, 2001, 31(1):160-169.
[90] 周辉,黄正宏. 数字信号处理基础及 MATLAB 实现[M]. 北京:中国林业出版社,2006.
[91] 施阳,李俊. MATLAB 语言工具箱-TOOLBOX 实用指南[M]. 西安:西北工业大学出版社,1998.
[92] Huang NE, Shen Z, Long SR. The Empirical Mode Decomposition and the Hilbert Spectrum for Nonlinear Non-stationary Time Series Analysis[J]. Proc. R. Soc. Lond. A(S1364-5021), 1998, 454:903-995.

[93] Boudraa AO, Cexus JC. EMD-based signal filtering[J]. IEEE Transactions on Instrumentation and Measurement, 2007, 56(6): 2196-2202.

[94] Dai WJ, Ding XL, Zhu JJ, et al. EMD filter method and its application in GPS multipath[J]. Acta Geodaetica et Cartographica Sinica, 2006, 26(n SUPPL.): 96-99.

[95] 刘霖雯, 刘超, 江成顺. EMD 新算法及其应用[J]. 系统仿真学报, 2007, 19(2): 446-447.

[96] 李永勤, 王清, 邓亲恺. EMD 及其在生物医学信号处理中的应用研究[J]. 生物医学工程学杂志, 2005, 22(5): 1058-1062.

[97] Robert HN. Theory of the Back-propagation Neural Network[J]. Int J Conf On Neural Network, 1989, (1): 593-605.

[98] Bi XL, Yuan Y. BP neural network based population forecast[J]. Journal of Wuhan University of Technology (Transportation Science and Engineering), 2007, 31(3): 556-558.

[99] Cheng YH, Zhao W. Prediction based on BP network for cement strength[J]. Journal of Northeastern University, 2006, 27(1): 92-94.

[100] Brown C, Markham S. Innovation learning at BP[J]. Research Technology Management, 2007, 50(3): 9-14.

[101] Gunn SR, Brown M, Bossley KM. Network Performance Assessment for Nerowiry Data Modeling[J]. Lecture Notes in Computer Science, 1997, 1208: 313-323.

[102] Vapnik V. The Nature of Statistical Learning Theory [M]. New York: Springer-Verlarg, 1995.

[103] Wang HF, Hu D. Comparison of SVM and LS-SVM for Regression [A]. In: ICNN&B '05. International Conference[C], 2005, 1: 279-283.

[104] Van GT, Suykens JA, Baestaens DE, et al. Financial time series prediction using least squares support vector machines within the evidence framework [J]. Neural NetWorks, IEEE Transaction, 2001, 12(4): 809-821.

[105] Kuh A. Analysis of detectors for support vector machines and least square support vector machines[A]. In: Proceedings of the 2002 International Joint Conference, 2002, 3: 2104-2107.

[106] [美]Ledin J. 嵌入式控制系统及其 C/C ++ 实现[M]. 骆丽,译. 北京:航空航天大学出版社,2005:21 - 22.

[107] 陶永华. 新型 PID 控制及其应用[M]. 北京:机械工业出版社,2005.

[108] ADVANTECH Co. ,Ltd. PCI - 1240 User's Manual[Z].

[109] Barnes PJ. New Therapies for Chronic Obstructive Pulmonary Disease [J]. Trorax,1998,53:137 - 147.

[110] Hertzen LC. Chlamydia Pneumoniae and its Role in Chronic Obstructive Pulmonary Disease[J]. Ann Med,1998,30:27 - 37.

[111] Miyashita N,Niki Y,Nakajima M,et al. Chlamydia Pneumoniae Infection in Patient with Diffuse Panbronchiolitis and COPD[J]. Chest,1998,114:969 - 971.

[112] Sridhar MK,Gallouag A,Lean MEJ,et al. An out-patient Nutrition Supplementation Programme in COPD Patients[J]. Eur Respir J,1994,7(3):720 - 724.

[113] 陈剑波,陈平. COPD 药物联合治疗的机制和新思路[J]. 实用内科杂志,2006,26(18):1391 - 1393.

[114] 周玉兰,王慧玲,邱庆国,等. 呼吸肌功能训练对患者肺功能的影响[J]. 中国临床医学,2005,12(6):1016 - 1017.

[115] Thierry T,Richard C,Rik G,et al. Pulmonary Rehabilitation in Chronic Obstructive Pulmonary Disease[J]. American Journal of Respiratory and Critical Care Medicine,2005,172(1):19 - 38.

[116] 李军,等. ADAMS 实例教程[M]. 北京:北京理工大学出版社,2002.

[117] 范成建,熊光明,周明飞. 虚拟样机软件 MSCADAMS 应用与提高[M]. 北京:机械工业出版社,2006.

[118] 李增刚. ADAMS 入门详解与实例[M]. 北京:国防工业出版社,2006.

[119] 郑凯. ADAMS 2005 机械设计高级应用实例[M]. 北京:机械工业出版社,2006.

[120] 贡俊,陆国林. 无刷直流电机在工业中的应用和发展[J]. 微特电机,200,5:15 - 19.

[121] 卢建强,孙培德,顾宝龙. 关于旋转电机的分类及其总结[J]. 微计算机信息,2004,20(12):37 - 39.

[122] 韩京清. 自抗扰控制技术[J]. 前沿科学,2007,1:24－31.
[123] 韩京清. 从PID技术到自抗扰控制技术[J]. 控制工程,2002,9(3):13－18.
[124] 韩京清,王伟. 非线性跟踪微分器[J]. 系统科学与数学,1994,2(14):177－183.
[125] 韩京清. 一类不确定对象的扩张状态观测器[J]. 控制与决策,1998,1(13):19－23.
[126] 韩京清. 非线性状态误差反馈控制率——NLSEF[J]. 控制与决策,1998,1(13):221－225.
[127] 贾晓梅,王庆林,刘文丽,等. 一般工业对象的二阶自抗扰控制[J]. 控制工程,2002,9(5):59－62.
[128] 贾晓梅,王庆林,韩京清. 大纯滞后纯积分对象的二阶自抗扰控制[J]. 控制工程,2002,9(6):7－9.
[129] Sun LM, Jiang XZ, Li DH. Tuning of Auto-disturbance-rejection Controller for a Class of Nonlinear Plants[J]. ACTA Automatic Sinica, 2004, 30(2):251－254.
[130] 刘鸣,邵诚. 异步电动机的自抗扰控制器及其参数整定[J]. 控制与决策,2003,18(5):540－544.
[131] 张荣,韩京清. 用模型补偿自抗扰控制器进行参数辨识[J]. 控制理论与应用,2000,17(1):79－81.
[132] 李海生,朱学峰. 自抗扰控制器参数整定与优化方法研究[J]. 控制工程,2004,11(5):419－423.
[133] Kim D, Hwang S, Kim H. Vehicle Stability Enhancement of Four-Wheel-Drive Hybrid Electric Vehicle Using Rear Motor Control[J]. IEEE Transaction on Vehicular Technology,2008,57(2):727－735.
[134] Zhang YQ, Ma KX, Tian Q, et al. Four wheel steering vehicle fuzzy control strategy using ADAMS and MATLAB co-simulation[J]. Computer Integrated Manufacturing Systems,2007,13(6):1234－1240.
[135] Li SH, Yang SP, Li HY. Investigation on semi-active controlled vehicle suspension based on ADAMS-MATLAB co-simulation[J]. Journal of System Simulation,2007,19(10):2304－2307.

[136] Chen WW, Shi PC, Gao LX, et al. Co-simulation study on EPS and full vehicle system based on ADAMS and Matlab[J]. Transactions of the Chinese Society of Agricultural Machinery, 2007, 38(2): 22-25.

[137] 何克忠,李伟. 计算机控制系统[M]. 北京: 清华大学出版社, 1998.

[138] 廖耀发,等. 大学物理教程[M]. 北京: 高等教育出版社, 2006.

科研项目支持

[1] 广东省科技计划项目(2007B031507010)："同步变位与同步悬空腹变压装置在严重呼吸衰竭的应用与开发"

[2] 呼吸疾病国家重点实验室开放课题(2007DA780154F0913)："同步变压人工呼吸床的研发"